IMPRESSUM

© Christine Dworschak
Testudo kleinmanni - Meine Erfahrungen mit der Haltung der Ägyptischen Landschildkröte
1. Auflage 2018
Kleintierverlag Thorsten Geier
Biebertal 2018
ISBN 978-3-944484-21-1

Fotos, wenn nicht anders angegeben: Christine Dworschak

Kleintierverlag Thorsten Geier
Fachverlag für naturnahe Tierhaltung
Postfach 11 11
35441 Biebertal
Telefon: +49 (0)6409 6619485
Telefax: +49 (0)6409 6619485
E-Mail: info@kleintierverlag.de
Internet: www.kleintierverlag.de

Fachlektorat: Dr. Hanna Vielgrader, Fachtierärztin für Wild- und Zootiere
Buchgestaltung und Druck: L&W Druck, Bad Endbach

Christine Dworschak

Testudo kleinmanni

Meine Erfahrungen mit der Haltung der Ägyptischen Landschildkröte

THORSTEN GEIER
kleintierverlag.de
Fachverlag für naturnahe Tierhaltung

INHALTSVERZEICHNIS

EINLEITUNG

Bereits das erste Mal, als ich mit dieser kleinen Landschildkröte in Berührung kam, verliebte ich mich in diese Art. Dabei war es nicht mehr als ein Foto. Trotzdem war dieses Foto, das nicht einmal ein besonders schönes Exemplar dieser Art zeigte, der Beginn einer großen Liebe.

Völlig unverbindlich begann ich im Internet nach Seiten zu suchen, musste jedoch bald feststellen, dass nur sehr wenig über diese Art zu finden war und das Wenige musste ich mir zum Teil mühsam aus dem Englischen übersetzen. Wirklich viel wusste ich also nicht, als ich mich trotz allem entschied, die Ägyptische Landschildkröte (*Testudo kleinmanni*) in meinem Haus in Österreich zu pflegen.

Noch bevor die Tiere bei mir einzogen, beschäftigte ich mich sehr intensiv mit den Regionen ihres natürlichen Vorkommens. Da diese Gebiete schon seit längerer Zeit durch Unruhen, Kriege sowie politische und religiöse Uneinigkeit nicht einfach bereist werden können, blieb nur das Internet und die wenigen Berichte einiger Bekannter, die damals – als es noch möglich war – diese Länder bereist haben.

Im Jahre 2006 – nach fast einem Jahr der Vorbereitung – zogen die ersten Tiere bei mir ein. Es handelte sich um deutsche Nachzuchten. Sie waren damals gerade einen Monat alt und wogen nicht mehr als 10 Gramm.

Die extremen klimatischen Bedingungen, welche diese Tiere in ihrer Heimat vorfinden, sehe ich als eine besondere Herausforderung für die Pflege in menschlicher Obhut. Und gerade das ist es, was diese Schildkrötenart zu etwas ganz Besonderem macht.

In diesem Buch möchte ich meine Haltungsmethode vorstellen, und dabei von all meinen Erfahrungen und den daraus resultierenden Überlegungen und Gedanken berichten. Ich hoffe, viele Informationen über diese kleinste Testudo-Art vermitteln zu können, die weitaus höhere Ansprüche an ihren Pfleger stellt, als es ihre Körpergröße vermuten lässt.

In diesem Sinne wünsche ich Ihnen viel Freude beim Lesen meines Buches und eine schöne Zeit mit diesen faszinierenden Tieren.

Christine Dworschak

Schönes Portrait einer Ägyptischen Landschildkröte.

Der Kopf ist charakteristisch sehr hell.

1 ARTENBESCHREIBUNG / SYSTEMATIK

Testudo kleinmanni wurde 1883 von Louis Charles Emile Lortet das erste Mal beschrieben. Mit einer Panzerlänge von durchschnittlich12 cm zählt sie zur kleinsten Art der echten Landschildkröten (*Testudinidae*).

Ihr Rückenpanzer (Carapax) ist hell-beige bis sandfarben. Es gibt sehr helle, fast pigmentlose Exemplare. Manche Tiere besitzen jedoch auch dunkel umrandete Hornschilder.

Am Bauchpanzer (Plastron) zeigt sich oft eine symmetrisch braune, langgezogene Dreieckzeichnung. Allerdings sind auch Exemplare mit einem durchgehend zeichnungslosen, hellen Plastron bekannt.

Der Rückenpanzer ist langgestreckt und hochgewölbt, wobei er nach hinten leicht ansteigt. Die Panzerplatten sind vollkommen glatt miteinander verbunden. Die Haut sowie die Beschuppung des Kopfes und der Extremitäten sind – wie ihr Panzer – ebenfalls gelbbeige bis sandfarben. Ihre Augen sind schwarz, glänzend und durch helle Augenlider geschützt.

Als Kopfberger (Cryptodira) kann sie den Kopf und die Extremitäten zur Gänze in ihren Panzer zurückziehen. Die hinteren Schilde des Bauchpanzers (der s.g. Plastral-Hinterlappen) ist sowohl beim Weibchen als auch beim Männchen beweglich, kann jedoch nicht völlig geschlossen werden. An den Schenkeln befinden sich keine Hornkegel. Der Schwanz besitzt keinen Hornnagel. Die Vorderbeine sind mit besonders großen Schuppen ausgestattet. Das Schwanzschild ist ungeteilt.

Männchen bleiben generell kleiner als weibliche Tiere, sie haben einen deutlich längeren und schmäleren Schwanz, den sie beim Laufen meist zur Seite tragen. Ein ausgewachsenes Männchen erreicht eine Carapaxlänge zwischen 7 cm bis maximal 10 cm. Die Analschilder zeigen beim Männchen nach außen, der Plastron ist nur andeutungsweise konkav (nach innen gewölbt).

Das Foto zeigt eine typische Panzerfärbung mit dunkel umrandeten Hornschildern.

Der Panzer mancher Tiere ist sehr hell. Er wirkt beinahe pigmentlos.

Der Schwanz des Männchens ist deutlich länger und kräftiger als der des Weibchens.

Mit einer Carapaxlänge von 10 cm bis maximal 14 cm werden Weibchen deutlich größer als männliche Tiere. Die Panzerform ist oft runder als die der Männchen. Ihr Schwanz ist eher dreieckig und deutlich kürzer und zeigt – im Gegensatz zum Männchen – eine rundere Kloakenöffnung. Die Analspalte des Carapax ist meistens runder und bildet eine O-förmige Öffnung, durch die – dank des beweglichen Plastral-Hinterlappens – die hartschaligen, ovalen Eier passen.

Im Jahr 2001 definierte Perala bei *Testudo kleinmanni* eine weitere Unterart: Als *Testudo kleinmanni* zählte die Population im westlichen Ägypten und Libyen. Tiere östlich des Nildeltas bezeichnete er als *Testudo werneri.* Bis heute konnte jedoch kein wissenschaftlicher Nachweis über die Existenz einer weiteren Unterart gebracht werden.

Im Gegensatz zum kleineren Männchen ist die Analmittelnaht des Weibchens länger und die Spalte runder. Die Spitzen sind flach und leicht nach innen gewölbt. Am kleineren Schwanz befindet sich die runde Kloakenöffnung.

Der Bauchpanzer ist nur andeutungsweise nach innen gewölbt. Die Spitzen der Analschilder zeigen deutlich nach außen. Der kräftige Schwanz reicht bis in die Kniekehle, an deren Ende sich die schlitzförmige Kloakenöffnung befindet.

Der Plastron-Hinterlappen ist bei beiden Geschlechtern beweglich, kann jedoch nicht gänzlich geschlossen werden.

Carapax (Rückenpanzer)

Plastron (Bauchpanzer)

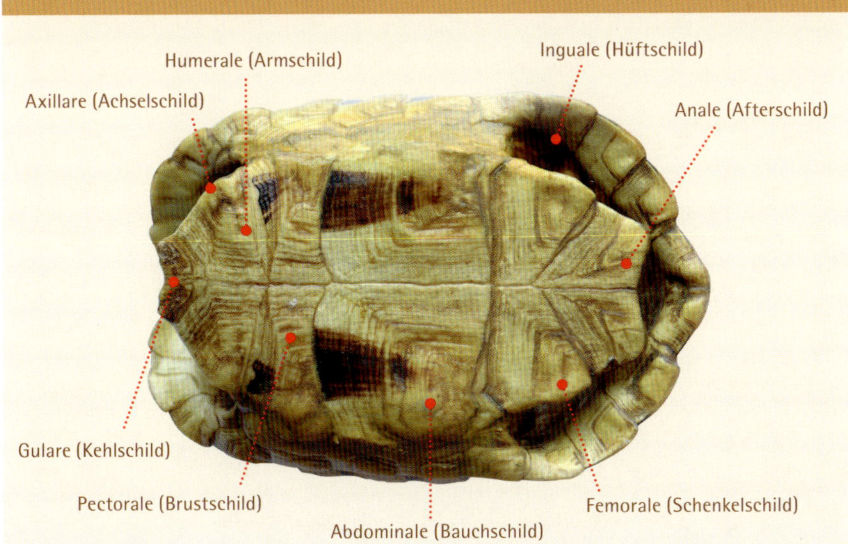

Diese Schildkröte genießt ein langes, ausgedehntes Sonnenbad unter der UV-Lampe.

2 WESEN UND LEBENSWEISE

Meine eigenen *Testudo kleinmanni* empfinde ich als lebhafte Tiere. Ein ausgeprägtes Sozialverhalten zeigen sie nicht, obwohl es manchmal den Eindruck macht, als würden sie sich – über die Paarung hinaus – untereinander wahrnehmen.

Nach einer kühlen Nacht nutzen die Tiere die ersten Sonnenstrahlen um sich aufzuwärmen. Erst wenn sie ihre Vorzugstemperatur erreicht haben, beginnen sie mit der Futtersuche. Dabei laufen sie, für Schildkröten ungewöhnlich schnell, durch ihr ganzes Territorium. Selbst dann, wenn ihnen ein fester Futterplatz zur Verfügung steht, rennen sie die ihnen angebotene Fläche ab, bleiben immer wieder stehen, um zu fressen, und rennen dann gleich wieder weiter.

Dabei haben sie einen ganz eigenen Gang. Es sieht aus, als würden sie die Beine schwungvoll über den sandigen Boden schleudern. Diese für Landschildkröten ungewöhnlich schnelle Art der Fortbewegung lässt darauf schließen, dass sie in ihren Ursprungsgebieten möglichst rasch über die unbedeckten, offenen Flächen zum nächsten Versteckplatz gelangen müssen.

Durch ihre helle Farbe sind die Tiere zwar auf offenen Sandflächen gut getarnt, in der spärlich vorhandenen Vegetation sind sie jedoch vor Beutegreifern (Prädatoren) besser geschützt.

Wird es zu warm, ziehen sich die Tiere an schattige Plätze zurück. In meiner Haltung sind das z. B. stabil verlegte Steinplatten, die ich oberhalb als Trittmöglichkeit verwende. Auf ein sorgfältiges Verlegen dieser Steine ist sehr zu achten.

Dort finden sie auch Schatten, der sie vor Überhitzung und Austrocknung (Dehydrierung) schützt. *Testudo kleinmanni* sind sehr scheue Tier. In Stresssituationen können sie über lange Zeit fest zurückgezogen in ihrem Panzer völlig regungslos verweilen. Sie brauchen sehr lange, um sich an neue Gegebenheiten zu gewöhnen. Selbst eine Veränderung in ihrem vertrauten Terrarium setzt die Tiere unter Stress. Das ist für die Haltung in menschlicher Obhut ein nicht zu unterschätzender Faktor. Heute sind meine Tiere nicht mehr so schreckhaft wie in den ersten Jahren. Dennoch kann ich sie nicht als „handzahm" bezeichnen.

In der Morgensonne bringt sich dieses Weibchen auf ihre „Betriebstemperatur". Zwar wird durch das Glasdach das UV der Sonne gefiltert. Meine Tiere genießen dieses „Sonnenbad" jedoch sehr. Parallel dazu stehen meinen Tieren UV-Lampen zur Verfügung.

Unvermutet schnell können sich *Testudo kleinmanni* fortbewegen. Diese flinke Art zu laufen hat ihnen den Spitznamen „Marathon-Schildkröte" eingebracht.

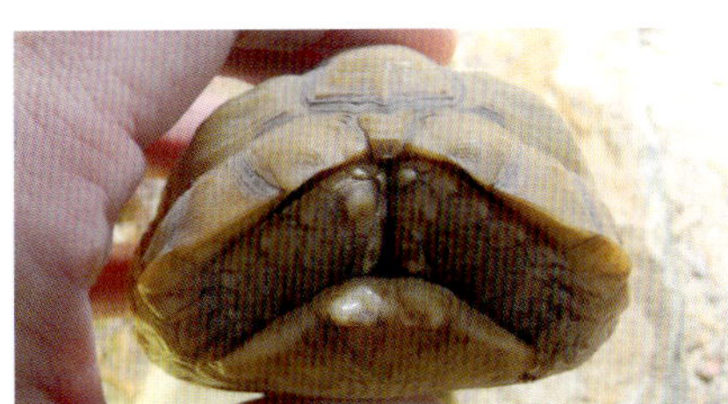

Dieses Tier hat sich komplett in den Panzer „eingezogen".

Dieser Einblick in den natürlichen Lebensraum ist geprägt von zahlreichen Versteckmöglichkeiten.

3 DER NATÜRLICHE LEBENSRAUM

Wie bei jedem Wildtier, das in menschlicher Obhut gepflegt wird, kann sich auch die Ägyptische Landschildkröte nicht unseren klimatischen Gegebenheiten anpassen. Dem entsprechend müssen wir so gut wie möglich die Bedingungen schaffen, die ihrem natürlichen Lebensraum sehr nahe sind. Das ist bei einem Tier, welches aus einem klimatisch extremen Lebensraum stammt, nicht ganz einfach. Und so ist es von besonderer Bedeutung das Klima, die Bodenbeschaffenheit und die Flora der Ursprungsgebiete besonders zu betrachten. Dazu waren mir Schilderungen von Freunden und Bekannten, TV-Reportagen, Reiseberichte etc. sehr behilflich. Gerade der persönliche Austausch mit Personen, die Urlaubsreisen in die Verbreitungsländer der Tiere vorgenommen haben, war mir dabei sehr wichtig. Meine Erkenntnisse bzw. Rückschlüsse beziehen sich von daher auch auf solche Eindrücke, die nicht unbedingt direkt etwas mit Schildkröten vor Ort zu tun haben.

Wie es der deutsche Name bereits vermuten lässt, stammt die Ägyptische Landschildkröte aus dem nordafrikanischen Raum. In Ägypten findet man jedoch kaum noch Exemplare ihrer Art. *Testudo kleinmanni* bevölkerte einst den schmalen Küstenstreifen der nordafrikanischen Küste von Libyen, Ägypten bis zum südlichen Palästina (Schleich 1984). Ihr Verbreitungsgebiet erstreckte sich bis zu 120 km landeinwärts, entlang der Wadis (temporäres Flussbett). Der Lebensraum kann sich durchaus unterschiedlich gestalten. So gehören steinige Ebenen genauso wie gemischte Kies- bis Sandebenen oder steile Böschungen am Rande der Salzwiesen dazu.

Heute findet man nur noch wenige dieser Tiere in ihrem eigentlichen, angestammten Lebensraum. *Testudo kleinmanni* wurden über Jahrzehnte in hohen Zahlen von Hirten und Dorfbewohnern abgesammelt und billig zum Kauf als Kinderspielzeug angeboten. So konnten sie sich ihr geringes Einkommen ein wenig aufbessern. Im späteren 20. Jahrhundert wurden die Tiere zu Tausenden über den Handel ins Ausland verkauft. Die meisten Tiere erlagen bereits einer Dehydrierung, noch bevor sie ihr eigentliches Ziel erreichen konnten. Viele kamen in derart schlechtem Zustand über das Meer, dass die wenigen, welche die Überfahrt überlebten, kurz danach eingingen.

Als 1970 im nördlichen Nildelta eine riesige Obstplantage errichtet wurde, verschwand die letzte größere Population endgültig aus Ägypten, da ihnen dadurch die Lebensgrundlage genommen wurde. Die Plantage wurde später von der asiatische Wespe befallen und gerodet. Die Schildkröten aber waren bereits verdrängt. Ende der 90er Jahre galt diese Art in Ägypten als völlig ausgerottet.

Erst 30 Jahre später, im Jahre 2000, wurden wenige Tiere im Schutzgebiet Zaranik, nördlich der Halbinsel Sinai, wieder entdeckt. Heute gilt *Testudo kleinmanni* als massiv bedroht Art und steht auf Liste 1, Anhang A des Washingtoner Artenschutzabkommens.

Durch Überweidung wurde den Schildkröten die Nahrung und damit auch die Lebensgrundlage genommen.

Ein großes Problem stellt für diese kleinen, gepanzerten Tiere die Überweidung ihrer ohnehin schon sehr kargen Gebiete dar. So bleibt den Tieren nichts zu fressen und auch keine schattenspendenden Sträucher und Gräser als Rückzugsmöglichkeit, die zu ihrer Lebensgrundlage gehören. Wenn man jedoch die Armut und den täglichen Überlebenskampf der Menschen dieser Gebiete bedenkt, so kann man das Handeln der Einheimischen durchaus verstehen.

Oft wird *Testudo kleinmanni* als Wüstenschildkröte bezeichnet. Das stimmt jedoch nicht. Die Tiere leben in der Steppe, dort, wo das nordafrikanische Mittelmeer in die Sandwüste übergeht, findet man eine belebte Landschaft, die von vielen Pflanzen, Reptilien und Säugetieren bevölkert wird. Neben *Testudo kleinmanni* bevölkern viele Schlangenarten, verschiedene Dornschwanzagamen, Wüstenwarane und viele andere Echsenarten die Landschaft. Aber auch Säugetiere wie Wüstenmäuse, Ratten und etwas größere Säuger wie Füchse, Wildhunde und Schakale finden dort ihren Lebensraum.

Einige der Tiere sind natürlich auch für unsere Schildkröten eine Gefahr, da sie für diese den Speiseplan erweitern. Auch aus der Luft sind die kleinen gepanzerten Reptilien durch den Angriff von Raubvögeln bedroht. Der gefährlichste aller Feinde ist jedoch der Mensch, der ihre Habitate zu seinen eigenen Zwecken nutzt und die kleine Schildkrötenart so immer weiter in unwirtliche Gebiete drängt, bis ihr letztendlich die Grundvoraussetzungen für das Überleben fehlen.

Durch ihre Form, Größe und Farbe ist die Ägyptische Landschildkröte den Lebensbedingungen dieser nordafrikanischen Mittelmeersteppe gut angepasst. Ihre geringe Körpergröße und helle Farbe dient nicht nur der perfekten Tarnung, sondern schützt ihren gesamten Organismus vor Überhitzung.

Um den natürlichen Lebensraum besser zu begreifen, muss man nicht nur das Klima, sondern auch den Boden und die Pflanzenwelt genauer betrachten. Der Boden ist karg, sehr sandig und relativ wenig bewachsen. Trotz des überwiegenden Sandanteils ist er je-

Typischer Lebensraum der Ägyptischen Landschildkröte.

doch nicht überall weich und nachgiebig, da er durch den hohen Lehmgehalt gefestigt wird. Durchzogen vom Wurzelwerk verschiedener wasserspeichernden Pflanzen kann er nicht mit dem bei uns bekannten Spielzeugsand verglichen werden.

Einen guten Lebensraum finden die Tiere entlang der Wadis, große Flussbette, die fast 99 % des Jahres völlig ausgetrocknet sind. Um ein Wadi in einen reißenden Strom zu verwandeln reicht schon ein viele Kilometer entferntes Gewitter. Nach einem solch seltenen Regenguss wird dieses Gebiet für kurze Zeit von einem unglaublichen Pflanzenteppich bedeckt. Diese Extreme wirken sich natürlich auch auf die Gebiete weiter im Landesinneren aus. Diese ermöglichen den Tieren so einen größeren Lebensraum, der sich von der Küste weiter in die Wüste erstreckt. Durch Erosionen, Wüstenwinde und heftige Winterregen entstand über Jahrtausende eine faszinierende Landschaft, die sich diese Schildkrötenart zunutze machte.

Viele Pflanzen ziehen sich in den trockenen Sommermonaten in den Boden ein, so

Nach wie vor werden Schildkröten häufig auf Märkten angeboten.

Eine nordafrikanische, küstennahe Steppe.

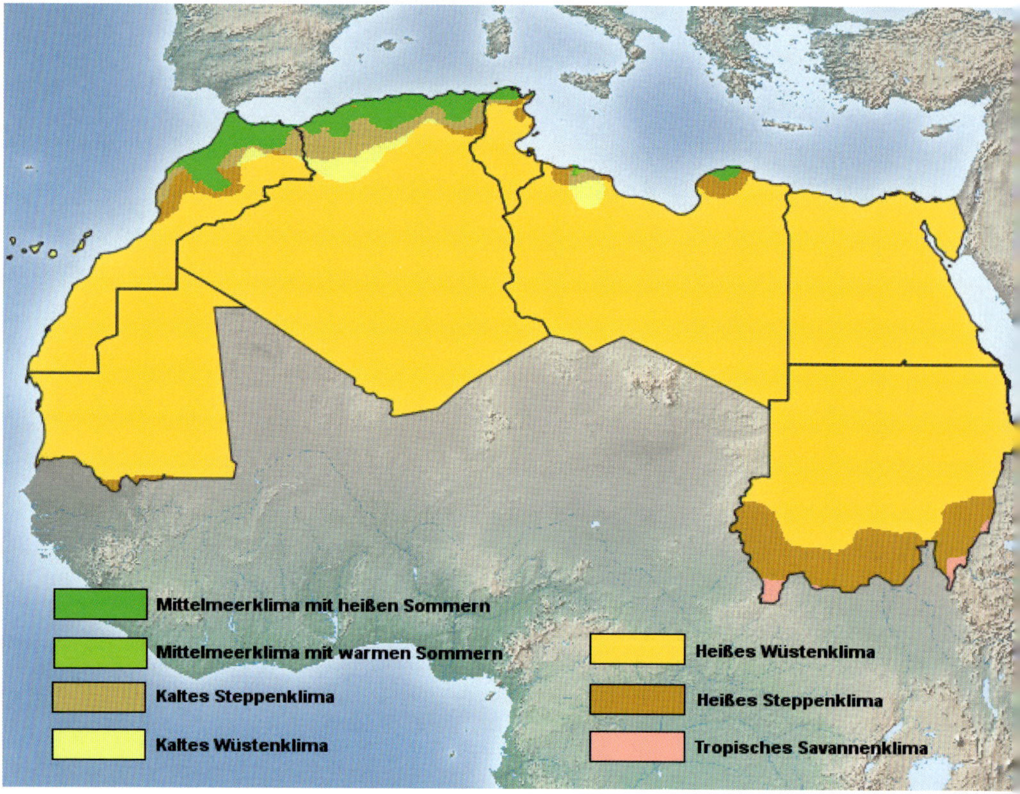

Klimakarte. Die nordafrikanischen Klimazonen sind sehr unterschiedlich.

kann man in dieser Zeit nichts von der Vielfalt und Üppigkeit erahnen, die diese karge Steppenlandschaft in den Wintermonaten in ein nahrhaftes Blütenfeld verwandelt.

Den Tieren stehen in den trockenen Monaten lediglich ausgedörrte Büsche und vertrocknete Grasbüschel zur Verfügung, die sie auch nutzen, um sich vor der sengenden Hitze und den Prädatoren in Sicherheit zu bringen. So verweilen sie einige Monate in einer Ästivation (Sommerruhe), bis die ersten Regengüsse, die meistens erst im November einsetzen, ihnen wieder reichlich Nahrung und erträgliche Temperaturen bescheren.

Die Ägyptische Landschildkröte lebt genau in dem Gebiet, wo das milde Mittelmeerklima mit dem extremen Wüstenklima zusammentrifft. Sie bekommt also von allem etwas ab, sowohl von der Milde des Mittelmeers als auch von der Härte der Wüste.

KLIMA DER NORDAFRIKANISCHEN KÜSTE

Instinktiv ist die Ägyptische Landschildkröte mit den klimatischen Bedingungen ihres Herkunftslandes verbunden. Selbst wenn sie ihre Eischale, weit entfernt von ihrer eigentlichen Heimat, in einem Brutapparat verlassen, sind sie trotzdem unmittelbar mit diesem nordafrikanischen Klima verwurzelt. Nicht das größte, das stärkste oder gar das gefährlichste Tier belebt seit mehr als 220 Millionen Jahren unseren Planteten. Auch nicht das schlaueste konnte sich so lange behaupten. Es ist das, welches sich am besten anpassen konnte: die Schildkröten.

So haben unsere gepanzerten Reptilien die Saurier aussterben und den Menschen kommen sehen. Sie haben die Gabe, sich den widrigsten Umständen anzupassen und so überlebten sie mehrere Eiszeiten und auch die sich anschließend wieder erwärmende Erde. Im Laufe der Jahrtausende haben sie die unterschiedlichsten Strategien entwickelt, um alle Widrigkeiten zu überleben.

Erlauben Sie mir bitte kurz einen Blick in unsere Schildkrötenhaltung, die an dieser Stelle thematisch gut passt: Schildkröten haben sich über unzählige Generationen an das entsprechende Klima angepasst und das können wir Menschen nicht innerhalb nur weniger Jahren ändern. Darum ist es wichtig, sich mit dem natürlichen Verbreitungsgebiet und den damit verbundenen klimatischen Bedingungen so gut als möglich auseinander zu setzen.

Der Versuch, diesen Reptilien die Härte ihrer Lebensbedingungen zu ersparen, bedeutet oft ihr Todesurteil. Auch wenn wir nur das Beste für unsere Pfleglinge wollen, so müssen wir ihnen das Klima und damit möglichst naturnahe Lebensbedingungen bieten. Das ist nicht immer einfach und funktioniert nicht ohne entsprechenden technischen Aufwand.

Um die klimatischen Bedingungen, an die *Testudo kleinmanni* angepasst sind, verstehen zu können, sollte man wissen, dass in den Ländern Ägypten, Israel und Libyen zwei sehr unterschiedlich Klimazonen auftreten.

Dort trifft das angenehm milde Mittelmeerklima direkt auf die trockene und heiße Wüstenzone, die hinter dem Küstenstreifen beginnt. Im Winter herrscht eine durchschnittliche Tageshöchsttemperatur zwischen 16 °C und 20 °C. Das hört sich für ein wechselwarmes Tier zunächst unglaublich kalt an. Wir müssen jedoch besonders auf die Sonnenstunden achten.

Während es draußen richtig kalt ist und Schnee liegt, sonnen sich die Tiere unter ihren UV-Lampen, bei einer Lufttemperatur von ca. 22 °C. Direkt unter den Lampen ist es wesentlich wärmer.

Auch wenn im Winter die Sonne im Habitat nur 5 bis 6 Stunden scheint (das entspricht in etwa der Tageslichtlänge in unserem Breitengrad), so hat sie doch viel mehr Kraft als in unseren Breiten zu dieser Jahreszeit. Die winterlichen Nachttemperaturen liegen bei nur 8 °C bis 12 °C.

Ganz anders als im Landesinneren herrscht am nordafrikanischen Küstenstreifen eine durchschnittliche Luftfeuchtigkeit von 60 % bis 75 %.

Regen fällt in diesen Gebieten nicht all zu oft. Im Jahr zählt man 30 bis 50 Regentage und diese sind hauptsächlich im Winter. Im Frühling und auch im Herbst können heiße und trockene Sandstürme, die aus der Wüste kommen, recht unangenehm werden.

In den Sommermonaten wird es auch an der Küste sehr warm. Die Lufttemperatur steigt in diesen Monaten auf 30 °C bis 33 °C an. Da kann man sich vorstellen, wie heiß der sandige Boden ist, wenn die Sonne den ganzen Tag darauf scheint. In diesen Sommermonaten bringen auch die Nächte nicht allzu viel Abkühlung. Die Nachttemperaturen sinken für gewöhnlich auf etwa 20 °C bis 22 °C.

Der bedeutend größere Teil von Libyen und Ägypten beginnt nur wenige Kilometer hinter dem Küstenstreifen und wird vom trockenen und heißen Wüstenklima beherrscht. Im Landesinneren liegen die sommerlichen Tagesdurchschnittstemperaturwerte bei 38 °C bis 42 °C, bei einer sehr geringen Luftfeuchtigkeit von nur 20 % bis 30 %. In diesen Gebieten findet man jedoch keine *Testudo kleinmanni*. Diese leben ausschließlich im gemäßigten Kima am Küstenstreifen und genießen durch das nahe Meer eine sehr hohe Luftfeuchtigkeit.

Bevor Sie sich nun den grafisch dargestellten Klimadiagrammen widmen, möchte ich zu bedenken geben, dass es sich bei solchen Aufzeichnungen lediglich um Durchschnittswerte eines Monats handelt. Innerhalb eines Monats kommt es auch immer wieder zu größeren Schwankungen. So kann es durchaus ein, zwei oder drei Tage geben, an denen die

Ab Oktober sprießen frische Süßgräser und Quecken im Wintergarten.

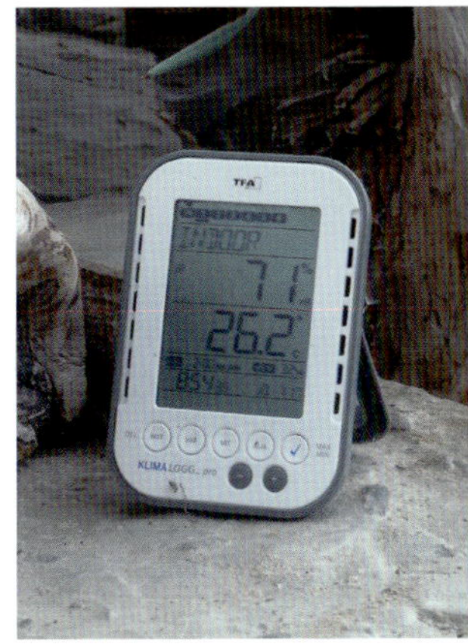

Angenehme 26 °C bei einer Luftfeuchtigkeit von 70 % sind herrliche Wintertemperaturen in der Mittagssonne. Danach fällt die Temperatur rasch. Nachts kann sie sogar auf unter 10 °C fallen.

Temperatur weit über oder unter dem angegebenen Wert liegt. Ich selbst habe es mir zur Gewohnheit gemacht, fast täglich die Wetterkarten dieser Länder zu beobachten und mit den Messwerten meines Kleinmanni-Terrariums zu vergleichen. So entwickelte ich im Laufe der Jahre ein gutes Gefühl für das Klima und die vorherrschenden Temperaturen der natürlichen Biotope.

DIE FLORA DER NORDAFRIKANISCHEN KÜSTE

Im Küstenbereich wird die libysche Küste von einer mediterranen Steppe begleitet, die im Süden langsam in die Wüste übergeht. Im Sommer erscheint die Artemisia-Steppe grau und vertrocknet (Steppenlandschaft mit Wüsten- oder Steppenbeifuß; Artemisiagewächse). Sperrige und dornenreiche Büsche stehen vereinzelt auf einer niedrigen, sandigen Kuppel. Auf steinigem Boden wachsen nur wenig vertrocknete, niedrige Sträucher. Mit dem Herbst- und Winterregen, der in diesem Gebiet von Januar bis April fällt, verändert die Steppe ihr Erscheinungsbild. Plötzlich sprießen Gräser und Kräuter auf, und bald wird der sonst so karge Boden von einem gelb- und weißblühenden Teppich bedeckt. Auch rote und blaue Farbtupfer durchziehen diese wundersam blühende Steppe. An den Dornenbüschen treiben harte, dunkelgrüne Blätter und bald springen ihre Knospen zu bastfarbenen Blüten auf. Dies ist jedoch nur von kurzer Dauer. Mit den heißer werdenden Tagen ist dieser Blütenzauber bald vorbei.

Akazien, Tamarisken, Kameldornsträucher, Beifuß- und Ginstergewächse wie z. B. der Dornginster (Calicotome) bilden die meeresnahe Steppe. Im Frühjahr kann man auf dem lößartigen, wasserhaltigen Boden auch Zwiebelgewächse wie die giftige Meerzwiebel finden. Aber auch andere Kräuter und Gräser gestalten diese Landschaft. Abschnittweise wird die Steppe noch karger, die Böden sind teilweise mit Schutt übersät, und Kalkkrusten treten an die Oberfläche. Auf den bis zu einem Meter hohen Erhebungen gedeiht Kameldorn begleitet von lockeren Zwergsträuchern. Auch Halfagras findet man auf großen Flächen.

Ausgedehnte Oasen erstrecken sich hinter den Dünen, wo sich durch den Meereseinfluss Salzwasserlagunen und Salzsümpfe bilden. Dort findet man eine große Zahl an salzliebenden Pflanzen, wie verschiedene Salicornien (Queller, Pflanzengattung in der Familie der Fuchsschwanzgewächse) oder der Belbel (Zygophyllum album), der gerne von Kamelen gefressen wird. Einige Arten vom Halocnemum und harter Gräser, wie auch das in der Medizin verwendete Malteserschwamm (Cynomorium coccineum) wachsen hier.

In den von Menschen besiedelten Gegenden trifft man auf Palmenoasen, in denen Tamarisken und Akazien, aber auch Dattelpalmen, Feigen, Aprikosen, Mandelbäume, Bananen und sämtliche Citrusfrüchte gedeihen.

Gute Strukturierung und viele Pflanzen machen das Innengehege (Wintergarten) zu einer richtigen Oase.

4 HALTUNG IN MENSCHLICHER OBHUT

Je größer der Raum, den wir den Tieren bieten, desto eher haben wir die Möglichkeiten, das entsprechende Klima nachzuahmen. Den wirklichen, natürlichen Lebensraum werden wir den Tieren nicht ersetzen können. Dennoch sollten wir die natürlichen Lebensbedingungen kennen und sie bei unserer Terrariengestaltung so gut als möglich berücksichtigen.

Haltung bedeutet weitaus mehr, als durch die heutigen technischen Hilfsmittel ein Tier am Leben zu erhalten. Durch Technik, Bodensubstrat, Bepflanzung und strukturierende Gegenstände sollte man in einem kleinen Bereich einen Lebensraum schaffen, in dem sich die Tiere auch wirklich wohl fühlen. Ein wichtiges Ziel ist es, den Lebensraum so zu gestalten, dass man möglichst wenig eingreifen und die Tiere nicht stören muss. Wenn ich meinen Tieren bei ihrem Tagesablauf zusehen kann, ohne ständig eingreifen zu müssen, erfüllt mich mein Hobby mit Freude und tiefer Dankbarkeit. An dieser Stelle möchte ich zu bedenken geben: Ist man nicht in der Lage den Tieren optimale Bedingungen zu schaffen, so sollte man auf die Haltung dieser Schildkrötenart verzichten.

Blick in meinen Wintergarten (vom Wohnzimmer aus betrachtet). Durch die geschlossenen Türen herrscht im Wintergarten ein völlig anderes Klima als im Wohnbereich.

DAS TERRARIUM: DER PLATZ AN DEM DIE TIERE LEBEN

„Terra" ist lateinisch und bedeutet Erde. Dementsprechend handelt es sich bei einem Terrarium um einen Behälter, der ein Bodensubstrat, wie Erde oder erdenähnliche Materialien in Form von z. B. Sand, Lehm oder auch Gestein, beinhaltet.

Nach all dem, was wir bisher über den natürlichen Lebensraum von *Testudo kleinmanni* erfahren haben, leben diese Tiere nicht in der Wüste, sondern in der wesentlich milderen Übergangszone. Dementsprechend sollte man auch das künstlich gestaltete Klima und die Einrichtung berücksichtigen. Dabei spielt nicht nur das Bodensubstrat und die Bepflanzung eine große Rolle, auch die Luftfeuchtigkeit, die Beleuchtung, die Luft- und Bodentemperatur sowie die temporären Schwankungen zwischen Tag und Nacht, als auch die jahreszeitlich bedingten Temperaturunterschiede sind von großer Bedeutung. Natürlich brauchen die Tiere auch frische Luft. Auf eine gute Durchlüftung ist also ebenso zu achten, wie auf eine nicht nur für unser

Terrarien-Anlage in einem eigens dafür hergerichteten Raum. *Foto: Monika Kachel*

menschliches Auge ansprechende Gestaltung.

Das klassische Terrarium ist – zumindest im Frontteil – aus durchsichtigem Glas oder Kunstglas. Dadurch kann man gut hinein sehen und die Tiere beobachten. Das ist jedoch auch umgekehrt so, die Tiere können hinausschauen und uns sehen. Da sie Glas aber nicht als Hindernis erkennen, versuchen sie durch die Scheibe hindurch zu kommen. Das stresst nicht nur die Tiere, auch für uns Menschen ist es nicht schön zu beobachten, wie die Schildkröte mit dem Kopf an der Glasscheibe immer wieder versucht, durch das Glas weiter zu kommen und dabei mit den Hinterbeinen einiges an Bodensubstrat wegschiebt.

Eine einfache Sichtbarriere von nur 10 cm kann Abhilfe schaffen. Meist reicht es, wenn man den unteren Teil der Glasscheibe mit einem undurchsichtigen Klebeband abklebt. Viel schöner und natürlicher ist es jedoch, wenn man mittels flacher, aufgestellter Steine, mit Gehölz, Tonplatten oder Grasbüscheln auf der Terrarieninnenseite eine Sichtbarriere schaffen kann. Dabei muss man allerdings bedenken, dass ein solch strukturierter Sichtschutz Platz wegnimmt und so das Terrarium etwas verkleinert. Zudem darf diese Barrieren

Hinter dem querliegenden Ast konnte ich die Kabel der Lampen gut verstecken. Auch sorgt der Stamm zusätzlich für natürlichen Schatten und Strukturierung.

Aus Ton modellierter Sichtschutz.

Durch eine zusätzliche Abtrennung kann man mehr Bodengrund in ein herkömmliches Terrarium einbringen. Auch können die Tiere so nicht auf das Lüftungsgitter geraten.

nicht zum Klettern einladen bzw. zu einem Ausbruchversuch führen.

Die Grundfläche des Terrariums richtet sich nicht nur nach der Größe der Bewohner, sondern auch nach ihrer Lebensweise. Da *Testudo kleinmanni* in ihrer Aktivzeit recht flott unterwegs sind, brauchen sie mehr Raum, als man es aufgrund ihrer Körpergröße vermuten würde. Das österreichische Tierschutzgesetzt verlangt bei einer Haltung von ein bis zwei Tieren (mit einer Panzerlänge bis zu 6 cm) eine Mindestgröße von 0,50 m^2. Bei einer Panzerlänge von 6–12 cm muss den Tieren mindestens eine Fläche von 1m^2 zur Verfügung stehen. Und ab 12 cm Panzerlänge liegt die Mindestgröße bei 2 m^2. Für jedes weitere Tier werden, je nach Größe 0,20 m^2, 0,40 m^2 bzw. 0,50 m^2 dazugerechnet.

Diese Maße sind die gesetzlichen Mindestmaße. Die Fläche darf selbstverständlich immer größer sein. Hat man keine Möglichkeit ein entsprechend großes Terrarium aufzustellen, sollte man den Tieren zuliebe auf die Haltung dieser Art verzichten.

Blick in das speziell für *T. kleinmanni* eingerichtete Terrarien-Zimmer. *Fotos: Monika Kachel*

Die meisten im Handel käuflichen Terrarien sind rundherum geschlossen und mit seitlich zu öffnenden Schiebetüren versehen. Um Stauwärme bzw. Überhitzung und schlechte bzw. stickige Luft zu vermeiden muss ein oben geschlossenes Terrarium gut durchlüftbar sein. Handelsübliche Terrarien haben im oberen, wie auch im unteren Bereich einen offenen Spalt, der meistens mittels Metallgitterband verklebt ist. So können keine unerwünschten Insekten in den Innenraum gelangen, für einen guten Luftaustausch ist aber gesorgt. Kleine Tiere können sich jedoch mit ihren Krallen im unteren Gitter verfangen und ernsthaft verletzen. Daher sollte man dafür sorgen, dass die Tiere nicht auf diesen Lüftungsschlitz gelangen.

Leider lassen die meisten üblichen Behältnisse nicht genügend Platz, um eine angemessene Bodensubstrattiefe zu erreichen. Da Schildkröten jedoch am Boden leben, halte ich das Bodensubstrat und dessen Einbringungstiefe für einen besonders wichtigen Punkt, den ich später noch genauer erörtern werde.

Oben geschlossene Terrarien-Typen haben den großen Vorteil, dass sich die Lampen gut montieren lassen, der Innenraum sich schnell auf die gewünschte Temperatur bringt und bei entsprechend großem Volumen, eine relativ gute Luftfeuchtigkeit über längere Zeit gehalten werden kann.

Bei einem offenen Terrarium handelt es sich um einen Behälter, der über keine Abdeckung verfügt. Ein solches „Zimmergehege" kann mit etwas handwerklichem Geschick aus verschiedenen Materialen relativ einfach selbst hergestellt werden. Sehr gut eignen sich dafür OSB-Platten. Diese sind wasserabweisend, preisgünstig und in jedem Baumarkt zu erwerben. Solche Platten kann man sehr leicht auf das gewünschte Maß zuschneiden und in die Einrichtung integrieren. Um Gräser, Sukkulenten, kleinen Sträucher oder auch verschiedene Futterpflanzen direkt in das Substrat einpflanzen zu können, sollte man eine gute und wasserdichte Folie zwischen Holz und Substrat legen. Besonders gut eignet sich dafür eine Teichfolie.

Eine weitere Möglichkeit, einen solchen Behälter abzudichten, ist ihn mittels Bauharz auszustreichen und/oder den Teil einfach zu verfliesen. Bei einem so gebauten Zimmerterrarium

In einem geschlossenen Terrarium lässt sich die Luftfeuchte besser kontrollieren, durch den Einsatz mehrerer UV Leuchten kann es jedoch schnell zu einer Überhitzung kommen. Die notwendige Nachtabsenkung ist auch hier kaum in einem Wohnzimmer zu schaffen.

kann man eine sehr hohe Bodensubstrattiefe mit einplanen. Meiner Ansicht nach kann diese gar nicht hoch genug sein. Bei 30 cm kann man schon einen guten und lebendigen Boden schaffen. Um Staunässe zu vermeiden, empfiehlt es sich, als unterste Schicht Blähton einzubringen. Dieser saugt überschüssiges Wasser auf, hält es und gibt es nach und nach wieder nach obenhin ab. Eine wasserdurchlässige Folie zwischen Blähton und Substrat verhindert das Vermischen der Kügelchen mit dem Bodensubstrat. Einen ähnlichen Effekt erreicht man mit zerschlagenen, rohgebrannten Tontöpfen oder porösen, zerkleinerten Ziegelsteinen. Dabei kann auf eine Zwischenfolie verzichtet werden.

Teichfolie lässt sich sehr gut verarbeiten und war mir bei der Gestaltung des Innenterrariums eine sehr große Hilfe.

Ein Terrarium dieser Art hat den Vorteil, dass man direkt auf die Tiere sehen kann. Die Pflanzen entwickeln sich meist besser, eine gute Durchlüftung ist gewährleistet und es bildet sich keine Stauhitze.

Leider lässt sich bei einem offenen Terrarium die Luftfeuchtigkeit wesentlich schlechter regeln und auch der Temperatur-Unterschied zwischen Tag und Nacht sowie die Unterschiede der Jahreszeiten sind hier nur in einem entsprechenden Extraraum machbar. Ein geschickter Heimwerker kann auch eine Kombination zwischen einem solchen Zimmergehege und einem geschlossenen Terrarium bauen.

Je heller der Raum ist, in dem das Terrarium steht, desto besser ist es für die Tiere. Trotz aller Technik, die uns zur Verfügung steht, ist (ungefiltertes) Sonnenlicht die bessere Lichtvariante.

Aufzuchtbecken von Monika Kachel. Ein offenes Terrarium hat den Vorteil einer guten Durchlüftung. Die notwendige Luftfeuchtigkeit und die teilweise extremen Temperaturschwankungen zwischen Tag und Nacht, sind in einem gemütlichen Wohnzimmer so jedoch nicht zu bewerkstelligen. *Foto. Monika Kachel*

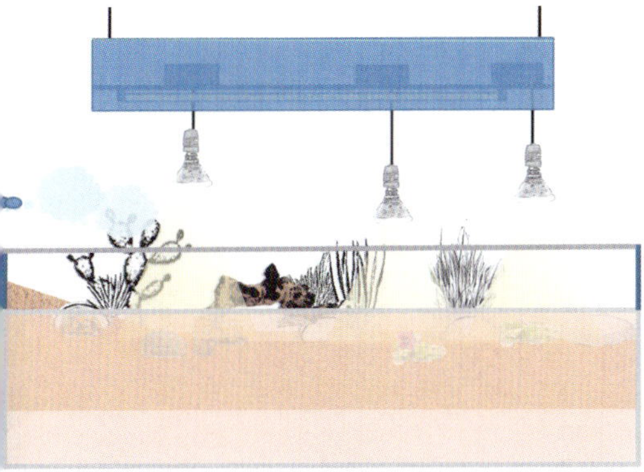

Eine in Sand-Lehm und Erdgemisch eingepackte Tonhöhle lässt sich gut bepflanzen. Dort herrscht ein besonders gutes Klima während der Ästivation und den Tieren steht so mehr Fläche zur Verfügung.

Innenansicht des Wintergartens, mit einfacher Möglichkeit einer Trennung.

Zwar lässt Glas keine UV-Strahlung durch, die Lichtqualität der Sonne kann aber kaum eine Lampe in diesem Rahmen nachempfinden. Nach Möglichkeit sollte man das Terrarium an einem hellen, sonnendurchfluteten Platz aufstellen.

WÄRME, LICHT UND UV-STRAHLUNG

Um ihre Vitalfunktionen aufrecht zu erhalten sind Landschildkröten in besonderer Weise auf Wärme, Licht und auf die richtige Dosis von ultravioletter Strahlung (UV) angewiesen. Als wechselwarme Tiere ist ihre Körpertemperatur nahezu gleich mit der Umgebungstemperatur. Ist es zu kalt oder zu warm, so sind sie nicht in der Lage Nahrung aufzunehmen und zu verdauen. Darum ist es wichtig, eine Wärmequelle so zu montieren, dass sie von den Tieren gut genutzt werden kann. Schildkröten verbinden Wärme mit der Sonne, daher sollte Wärme immer von oben und in Verbindung mit hellem Licht angeboten werden.

Das lebensnotwendige Vitamin D3 wird vom Körper selbst gebildet. Dabei ist er auf eine ausreichende UV-B-Strahlung angewiesen. Vitamin D3 bildet die Grundvoraussetzung, um Calcium überhaupt erst in die Knochen einzulagern. Kann der Körper nicht genug Calcium im Knochengerüst einlagern, so würden das Skelett und damit auch der komplette Panzer weich werden. Diese Mangelerscheinung kennen wir unter dem Begriff Rachitis. Da auch das gesamte Immunsystem unter einem UV-Mangel leidet, sind Tiere mit unzureichender UV-Versorgung wesentlich krankheitsanfälliger.

Sonnenlicht wird in drei unterschiedliche Strahlungen eingeteilt: UV-A, UV-B und UV-C. Die UV-A-Strahlung belebt, fördert den Stoffwechsel und wirkt sich positiv auf das Immunsystem aus. UV-B-Strahlen sind, wie bereits erwähnt, für die Vitamin D3-Bildung und somit für die Calciumeinlagerung in das Knochengerüst verantwortlich. Die UV-C-Strahlung wirkt keimtötend.

Um Stauwärme und Überhitzung zu vermeiden, sollten die Vorschaltgeräte möglichst luftig und frei stehen.

Da UV-Strahlen nicht durch Glas dringen, macht es keinen Sinn, eine noch so gute und teure UV Lampe außerhalb des Terrariums zu montieren, wenn dieses mittels Glasscheibe abgedeckt ist.

Im Handel steht uns heute eine große Vielzahl verschiedener UV-Lampen zur Verfügung. Gute und starke Lampen erzeugen meistens große Hitze und müssen daher in eine dafür vorgesehene Keramikfassung eingeschraubt werden. UV-Kompaktlampen geben einen hohen UV-Wert ab, sind energiesparend, aber bringen jedoch wenig Wärme.

UV-Leuchtstoffröhren haben eine nur geringe Reichweite, sie müssten demnach sehr knapp über dem Boden montiert werden, was wiederum nicht besonders praktikabel ist.

UV-Flächenstrahler bieten eine gute Kombination von UV-A- und UV-B-Strahlung, geben ein wunderbares Tageslicht und zusätzlich auch noch Wärme ab. In kleinen Terrarienanlagen kann es jedoch zu einer unerwünschten Überhitzung kommen. Für ein Terrarium mit größerem Volumen halte ich ein solches Modell als ideal. Alle mir bekannten, guten UV-Lampen benötigen ein Vorschaltgerät, welches mitunter recht warm werden kann.

Hochwertige Lampen geben helles Tageslicht, gute Wärme und die nötige ultraviolette Strahlung ab.

Um einer Augenschädigung vorzubeugen sollte die UV-Lampe nicht schräg, sondern gerade über dem Sonnenplatz aufgehängt werden. Ebenso muss die richtige Höhe eingehalten werden. Je höher der Strahler hängt, desto geringer ist der UV-Wert am Boden, desto größer jedoch der Lichtkegel. Sind die Tiere einer dauerhaft zu intensiven UV-Strahlung ausgesetzt, so können sie an empfindlichen Stellen (wie beispielsweise an der unbeschuppten Haut am Hals) an einem „Sonnenbrand" leiden.

In den ursprünglichen Verbreitungsgebieten entspricht die Tageslichtlänge in der unsrigen. In den Wintermonaten stehen den Tieren zwar viel mehr Sonnenstunden als bei uns zur Verfügung, jedoch nur über einen

Ausgiebige Sonnenbäder bringen die Tiere auf ihre Vorzugstemperatur und versorgen sie zusätzlich mit der notwendigen UVA-/UVB-Strahlung.

Durch falschen Abstand zu den Lampen können die Tiere einen Sonnenbrand erleiden.

Das Licht und die Wärme der „echten“, durch das Glas scheinenden Sonne werden jedem Leuchtmittel vorgezogen.

relativ kurzen Tageszeitraum. Daran sollte man sich bei der Beleuchtungszeit orientieren und die Lampen entsprechend schalten.

Ich selbst nutze mehrere Lichtquellen bei meiner Schildkrötenhaltung. Diese habe ich so geschalten, dass die erste Lampe kurz nach Sonnenaufgang angeschaltet wird. Erst danach schalten sich in zeitlichem Abstand hintereinander weitere Lampen dazu. Zwischen 10 Uhr und 14 Uhr sind alle Lampen zeitgleich in Betrieb. Genauso verfahre ich gegen Abend, wenn es wieder dunkel wird. So erreiche ich eine natürliche Dämmerung und eine langsamere Abkühlung der Lufttemperatur.

Werden mehrerer Lampen in unterschiedlicher Höhe angebracht, so stehen den Tieren unterschiedliche Temperaturen zur Verfügung. Ein geschlossenes Terrarium muss jedoch über ein großes Innenvolumen verfügen, um den Innenraum nicht zu sehr aufzuheizen.

UV-Lampen verlieren mit der Zeit an Intensivität und an ultravioletter Strahlung. Da man dies jedoch optisch nicht erkennen kann, sollten die Lampen, wie vom Hersteller im Beipacktext beschrieben, nach entsprechender Zeit ausgetauscht werden.

Ausgetrocknete Wasserstelle auf sandigem Boden.

DER BODEN

Wie im Kapitel *Der natürliche Lebensraum* beschrieben, ist das Ursprungshabitat von *Testudo kleinmanni* keineswegs eine dauerhaft trostlose Sandwüstenlandschaft. Viel eher findet man an der küstenbegleitenden Sanddünensteppe eine Vielzahl an Gräsern und krautigen Pflanzen. Im kleinen Lebensbereich unseres Terrariums sollten wir den bestmöglichen und nicht den schlechtesten Ausschnitt des Lebensraums dieser Tiere nachbilden. Das ist sowohl bei der Bodengestaltung, als auch bei der Wahl der Bepflanzung zu beachten.

Sand ist ein natürliches, ungefestigtes Material, welches aus verschiedenen Mineralien besteht. Es gibt viele unterschiedliche Sandarten. Je nachdem, welche Mineralien darin vorrangig enthalten sind, unterscheidet man die Sandart. Quarz ist das am häufigsten darin vorkommende Mineral. Der größte Teil unserer Erdkruste besteht daraus. Reiner Sand ist nicht bindend, er ist sehr weich und es ist nicht leicht darüber zu laufen ohne bei jedem Schritt zu versinken. Im Zoofachhandel werden viele verschieden Sand-Lehmgemische in allen möglichen Farbvarianten angeboten.

Ich selbst verwende eine Mischung aus Sand, Lehm und normaler Gartenerde, wie sie unter der Grasnarbe in meinem Garten zu finden ist (wobei ich der Richtigkeit halber erwähnen möchte, dass der Boden in meinem Wohngebiet sehr tonhaltig ist). Lehmpulver kann man günstig im Baustoffhandel erwerben, ebenso Sand, der meistens als Quarz- oder Spielsand für Sandkisten angeboten wird.

Ist das Mischverhältnis der drei verschiedenen Bodensubstrate ungleich, so stehen den Tieren unterschiedliche Zonen zur Verfügung. An einigen Stellen habe ich fast reinen Sand eingebracht. Ein anderer Teil der Bodenoberfläche besteht aus hartem lehmigem Material. Diese Fläche ist nicht so nachgiebig wie reiner Sand. Darauf können sich die Tiere problemlos fortbewegen und es bleiben keine Sandkörner auf den angebotenen Futterpflanzen haften.

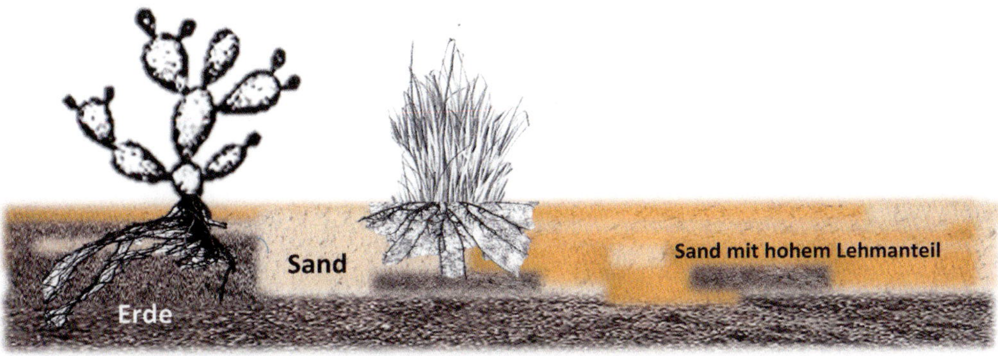

Durch das ungleiche Mischverhältnis von Sand, Lehm und Erde stehen den Tieren unterschiedliche Zonen zur Verfügung.

Erde ist ein lebendes, natürliches Material und sorgt auch ohne zusätzliche Düngermittel für einen nahrhaften Boden. So habe ich an einigen Stellen in meinem Terrarium mit Erde nicht gespart. Auch wenn die Bepflanzung im natürlichen Verbreitungsgebiet dieser Tiere eher spärlich ist, so sorgt die Verwurzelung sämtlicher Pflanzen im Terrarium für eine gute Bodenfestigkeit, wie Pflanzen überhaupt für ein angenehmes Klima und eine gute Luftfeuchtigkeit sorgen. Der Bewuchs bietet den Tieren eine natürliche Unterschlupfmöglichkeit und sorgt teilweise für zusätzliche Nahrung.

Es wird uns nie hundertprozentig gelingen den natürlichen Lebensraum in einem kleinem Raum nachzubilden, dennoch sollten wir genau diesen natürlichen Begebenheiten ein besonderes Augenmerk schenken. Schließlich leben Schildkröten sehr bodennah. Der Boden ist ein großer Teil ihrer Lebensgrundlage. Wir brauchen also einen Untergrund, der einerseits so nährstoffreich ist, dass er Pflanzen entsprechend versorgen kann, anderseits soll er eine trockene Oberfläche bieten, die sandig ist, auf der die Tiere aber trotzdem laufen können, ohne darin zu versinken. Zusätzlich soll er auch grabfähig sein, um den Weibchen das Anlegen ihrer Nistgrube zu ermöglichen. Feine Sandkörner, die auf der Nahrung haften bleiben und so durch Mitfressen in den Magen gelangen, sollten möglichst vermieden werden.

Zusammengefasst benötigen wir einen Boden mit drei vorgenannten Eigenschaften, also einen Boden aus drei verschiedenen Komponenten: Erde, Sand und Lehm.

Um diese drei Materialien so miteinander zu vereinen, dass sie all den Anforderungen entsprechen, ist eine relativ hohe Substratschicht notwendig. Hier gilt: je höher, desto besser. Ab etwa 15 cm bringt man schon ein ziemlich gutes Mischverhältnis zustande. So erreicht man verschiedene Schichten, wobei die Aufteilung unterschiedlich sein sollte.

Dort, wo Pflanzen gut einwurzeln sollen, muss man mehr Erde untermischen, an den Sonnenplätzen mehr Sand und dort, wo die Tiere herumlaufen, ihre Nahrung oder auch Wasser aufnehmen, muss eine unnachgiebige feste Lehmbodenschicht vorhanden sein.

Testudo kleinmanni sind an flache Gebiete angepasst und dementsprechend schlechte Kletterer, was man bei der Einrichtung und Strukturierung des Bodens auch beachten sollte. Eine auf den Rücken gefallene Kleinmanni kommt nur schwer wieder auf die Beine, was unter einem Wärmestrahler einen relativ schnellen Tod bedeuten kann. Vor allem auf einer weichen Sandfläche, findet sie keinen Halt um sich selbst aus der misslichen Lage zu befreien. Kommt das Tier unmittelbar nach der Nahrungsaufnahme auf dem Rücken zu liegen, so drückt der gefüllte Magen direkt auf die Lungen, was zum Erstickungstod führen kann.

In der heißen Jahreszeit bieten ausgedörrte Gräser und liegengebliebene Futterreste einen Teil des Bodens. Hier finden die Tiere zusätzlich Schutz vor der heißen Sonne. Mit den ersten Herbstniederschlägen verwandelt sich diese trostlose, ausgedörrte Landschaft zu einem fruchtbaren Blütenteppich.

Unter dem relativ weichen Sand befindet sich eine feste Lehmschicht. So ist der Boden grabfähig und die Tiere versinken nicht, wenn sie darüber laufen.

Rosmarinbusch im Sommer.

Testudo kleinmanni sind nicht besonders „geländegängig". Das sollte man bei der Bodenstrukturierung berücksichtigen.

Zwischen Kakteen und Sukkulenten wächst im Wintergarten auch Salbei.

Niedrige mediterrane Gewächse wie Rosmarin und Salbei gedeihen im Herbst sehr gut. Im Sommer ragen diese Gewächse nur als dürre Büschel aus der sandigen Erde.

PFLANZEN UND EINRICHTUNG

Von der Pflanzenvielfalt des nordafrikanischen Küstenstreifens werden wir kaum eine Pflanze bei uns im Handel erhalten. Darum müssen wir auf ähnliche gattungsverwandte Pflanzen zurückgreifen, welche das extreme Klima verkraften können.

Neben einigen typischen Mittelmeergewächsen (wie wilder Salbei, Beifuß-Gewächse und krautartige, wasserspeichernde Sukkulenten) stehen auch verschiedene Grassorten (besonders Süßgräser) zur Auswahl. Bei einer gewissen Substrathöhe und entsprechendem Bodenmischverhältnis wachsen diese Pflanzen gut an, unterwurzeln den Untergrund und halten den Boden lebendig. Generell empfehle ich Pflanzen immer direkt in den Bodengrund einzusetzen und nicht in Töpfen. Diese dienen so nicht nur als gute und natürliche Unterschlupfmöglichkeit, sondern auch als wichtiges Barometer. Nur wenn diese Pflanzen gut gedeihen und sich vermehren, dann können es auch unsere Tiere.

Auf einem ungeeigneten oder mineral- und nährstoffarmen „toten Boden", auf dem kein Pflänzchen wächst, sind auch die Tiere nicht in der Lage sich über einen längeren Zeitraum gesund zu erhalten.

Ich rate dringend davon ab, unnatürliche oder künstlich erzeugte Materialien als Bodengrund zu verwenden. Die Tiere brauchen keine sterile Umgebung, sondern lebendiges Material, samt all den Kleinstlebewesen, die darin zu finden sind und die alle im Leben der Tiere eine eigene Aufgabe haben.

Ziel sollte es sein, einen in sich funktionierenden ökologischen Kreislauf zu schaffen, der sich auf Dauer möglichst selbst erhalten kann.

In den Sommermonaten bieten ausgetrocknete Gräser Schutz vor der sengenden Sommersonne.

Die Pflanzen werden mittels eingegrabener Tonröhren direkt an den Wurzeln gegossen. So werden die Pflanzen trotz trockenem Boden mit dem nötigen Wasser versorgt.

Der Löffelbaum (*Crassula hobbit*) speichert Wasser und übersteht die trockenen Sommermonate gut.

Opuntien gedeihen im Wintergarten sehr gut. Mit ihren langen flachen Wurzeln festigen sie den Boden. Die Blüten, Früchte sowie auch frische grüne Blätter sind ein hervorragendes Winterfutter.

Blattkaktus (*Rhipsalis cereuscula*)

Diese *Testudo kleinmanni* hat sich an den Wurzeln einer Aloe Vera Pflanze vergraben.

Zarte Quecken und Süßgräser sprießen im Herbst nach dem ersten kräftigen Regenguss aus dem Boden.

In den Sommermonaten wird der Olivenbaum mittels tropfenden Wasserschlauchs durch eine Tonröhre direkt am Wurzelballen bewässert.

HÖHLEN

Neben Pflanzen bieten auch Höhlen gute Versteckmöglichkeiten. Diese sollten aus einem natürlichen Material bestehen. Gut eignen sich dazu Steinhöhlen. Sie müssen fest und einsturzsicher sein. Auch aus Ton gebrannte Höhlen eignen sich ausgezeichnet.

Solche kann man einfach und ohne besonderes handwerkliches Können selbst bauen. Dazu braucht man nur ein Stück Ton, den man mittels Nudelholz auf eine etwa 1,5 cm bis 2 cm Dicke ausrollt und über eine in Kunststofffolie gehüllte Schale stülpt. Nach bereits einem Tag ist der Ton so fest, dass er ohne Schale die Form behält. Nach einer längeren Trockenzeit (je nach Wandstärke 1 bis 2 Wochen) glättet man das Stück und bringt es zu einem Keramiker (eventuell in eine Schule oder Kunstschule) zum Brennen. Wird der Ton „gesintert" (das heißt sehr hoch gebrannt; ab 1.250 °C), dann schmelzen die Partikel so zusammen, dass die Porenzwischenräume komplett ausgefüllt sind. Dadurch ist die Höhle vollkommen dicht und es wird keine Feuchtigkeit nach außen abgegeben. Der Innenraum behält eine angenehme Temperatur. Das ist in der Sommerhitze sehr wichtig, da die Tiere so besser mit ihrer eigenen Feuchtigkeit haushalten können und nicht so leicht dehydrieren. Niedrig gebrannte Unterschlüpfe, wie z. B. die oft verwendeten Terrakottatöpfe, halten sich zwar gut feucht, jedoch nisten sich in ein solch poröses und immer wieder angefeuchtetes Gefäß sehr leicht ungewollte Keime ein. Besonders Feuchtkeime können den aus sehr trockenen Gebieten stammenden Schildkröten sehr gefährlich werden.

Ton mittels Nudelholz zu einer etwa 1 cm dicken Platte auswalken. Je größer die Höhle ist, desto stärker sollte die Wandung sein.

Überschlagsform (Ball, Schale, Styropor Halbkugel etc.) mit dünner Plastikfolie einpacken.

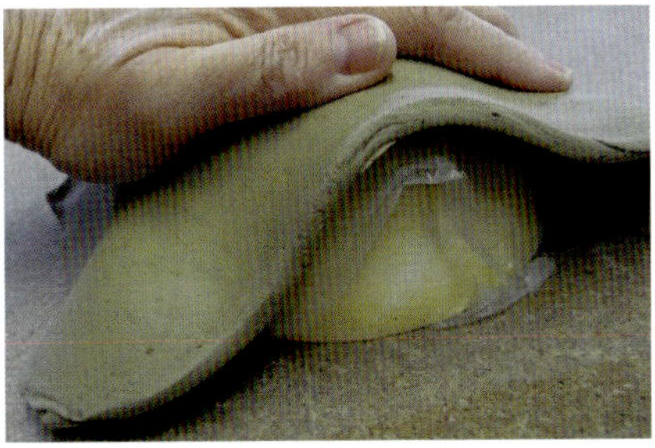

Die noch weiche Tonplatte auf die Form legen und mit sanftem Druck von oben nach unten hin anpassen.

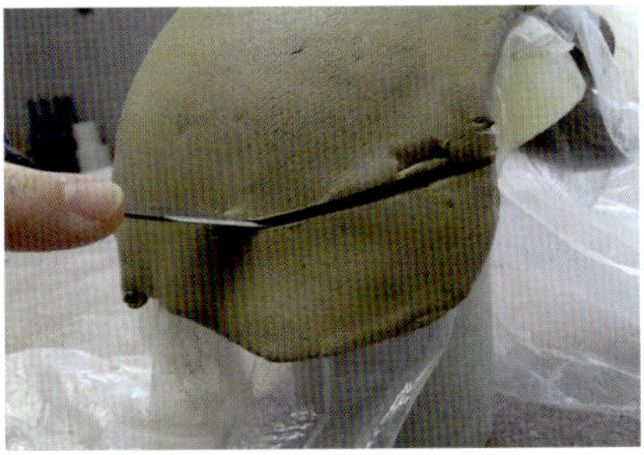

Im noch weichen Zustand können die überschüssigen Ränder entlang dem Formenrand abgeschnitten werden. Nun soll das Werk trocknen bis der Ton „lederhart" ist. Das kann je nach Raumtemperatur einige Stunden dauern.

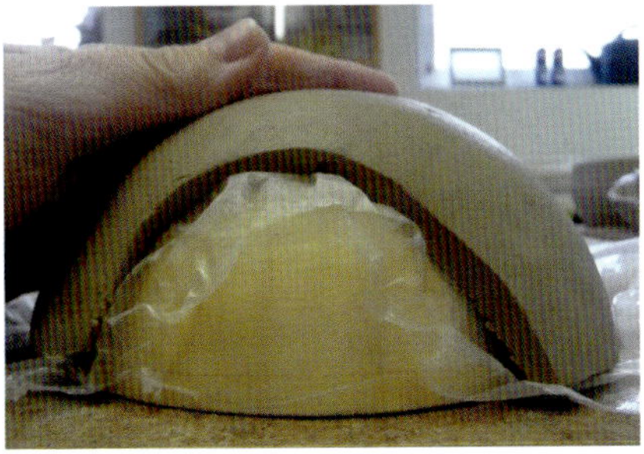

Wenn der Ton nicht mehr weich, aber auch noch nicht trocken ist, kann der Eingang aufgeschnitten werden.

Nach dieser Zeit hat die Höhle die Form des Modells angenommen und kann problemlos abgenommen werden, ohne ihre Form zu verlieren. Dank der dazwischen liegenden Folie klebt der Ton nicht an.

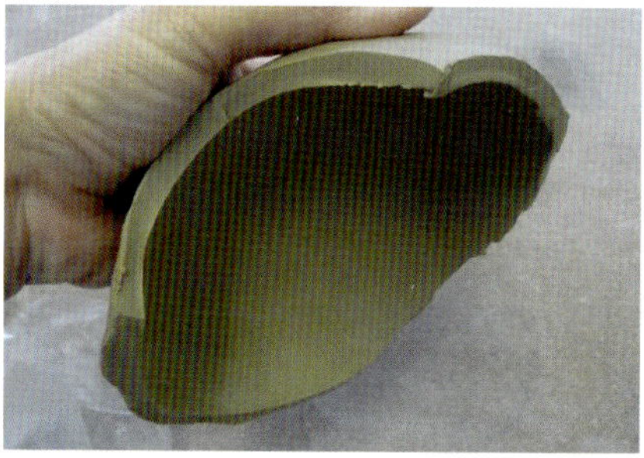

Die noch nicht ganz harte, aber auch nicht mehr weiche Höhle kann nun mit den Fingern geglättet werden.

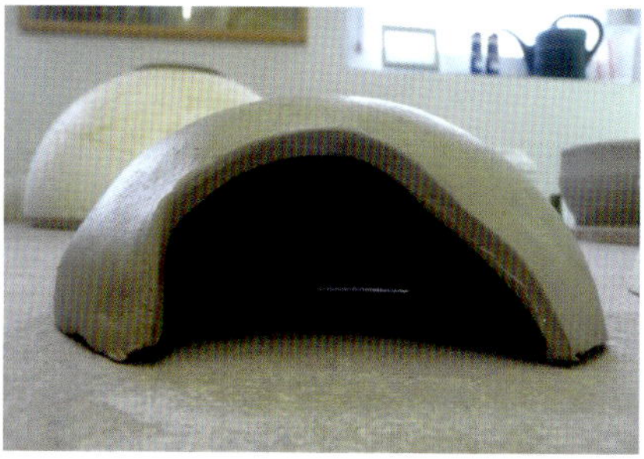

Die fertige Höhle muss nun in einem nicht zu warmen Raum trocknen bis sie „knochentrocken" ist. Das dauert je nach Raumtemperatur eine Woche pro Zentimeter Wandstärke. Sobald die Höhle völlig trocken, ist kann sie gebrannt werden.

Schematische Abbildung der Etagenhöhle im Terrarium.

Ein gutes Luftbefeuchtungsgerät sorgt für eine hohe Luftfeuchtigkeit, wie sie an der nordafrikanischen Mittelmeerküste – trotz großer Tageshitze – herrscht.

LUFTFEUCHTIGKEIT

Wie man aus den Klimadiagrammen der Habitats-Länder erkennen kann, misst die Luftfeuchte am nordafrikanischen Küstenstreifen zwischen 62 % und 72 %. Selbst in den trockenen und heißen Sommermonaten bleibt diese – bedingt durch das nahe Mittelmeer – relativ hoch.

Wer schon einmal in einem dieser Länder war, kennt diese ständig feuchte und salzhaltige Luft, bei der Wäsche an der Leine kaum ganz trocknet und unsere Haut ständig mit einem feuchten Film überzieht. Kaum haben wir uns geduscht und trocken gerieben, fühlt sich unsere Haut schon wieder feucht an und immer haben wir diesen leicht salzigen Geschmack im Mund – so fühlt sich das Mittelmeer an und genau so sollte es sich auch im kleinen, künstlich nachgebauten Lebensraum unserer Schützlinge anfühlen.

Ohne ein gutes Luftbefeuchtungsgerät erreichen wir diese hohe Luftfeuchtigkeit kaum. Durch regelmäßiges Sprühen kann man die Luftfeuchtigkeit jeweils nur kurzfristig erhöhen. Natürlich gibt es auch in den Ursprungsländern innerhalb eines Tages Schwankungen. Nach einer kühlen Nacht ist die Feuchtigkeit der Luft im Morgendunst besonders hoch, während sie gegen Mittag (wenn die Sonne den Boden erwärmt), sinkt, um am Abend, sobald es kühler wird, wieder anzusteigen.

Ein Luftbefeuchtungsgerät muss regelmäßig gereinigt werden und gelegentlich auch komplett austrocknen, um einer Keimbildung in einem ständig feuchten Milieu keine Chancen zu geben.

Ich selbst reinige mein Gerät regelmäßig mit Essigwasser, das wirkt auch einer Verkalkung entgegen. Danach bleibt der Wassertank so lange ungefüllt, bis er vollkommen trocken ist. Im Handel stehen einige gute Geräte zur Auswahl. Geräte, bei denen der Wasserdampf mittels Schlauch in den Innenraum geleitet wird, brauchen außerhalb des Terrariums einen Abstellplatz. Der Vorteil ist, dass diese den Tieren keinen zusätzlichen Platz wegnehmen und leicht zum Nachfüllen sind.

Wie lange das Verdunstungsgerät in Betrieb sein muss, um die gewünschte Luftfeuchtigkeit von durchschnittlich 65 % zu halten, hängt von der Beschaffenheit und der Größe des Terrariums ab. Darum ist es sinnvoll die gesamte Technik noch vor der Besiedelung lange genug Probe laufen zu lassen.

HYGIENE

Hygiene und Sauberkeit spielt auch dann eine große Rolle, wenn man einen nahezu in sich funktionierenden Kreislauf schaffen möchte. Die Fäkalien müssen regelmäßig entfernt, die flachen Trinkbehälter gereinigt und die liegen gebliebenen und ausgedörrten Futterpflanzenreste entsorgt werden. In meinem Wintergarten leben jede Menge Asseln, Würmer und verschiedene Käfer, die mich bei den Säuberungsarbeiten unterstützen. Ein lebendiger Boden bringt nun einmal einige Lebewesen hervor, die zum Teil sehr nützlich sind. Wichtig ist jedoch, dass diese miteinander im Einklang leben und keiner dieser Mitbewohner überhandnimmt.

In einem gut funktionierenden Terrarium leben alle Kleinstlebewesen und Mikroorganismen im Einklang miteinander. Da ich auch andere Schildkrötenarten pflege, achte ich besonders darauf, keine Keime und Bakterien eines anderen Terrariums in mein in das Terrarium meiner *Testudo kleinmanni* zu schleppen. Es ist wichtig, sich jedes Mal, bevor man in einem Terrarium hantiert, die Hände gut mit Seife zu waschen. Auch wenn die Tiere des anderen Terrariums nicht krank sind, so stammen sie doch aus anderen Gebieten und haben ihre eigenen Keime und Bakterien, auf die *Testudo kleinmanni* empfindlich reagieren können.

Ganz besonders wichtig ist das, wenn man auch Wasser- oder Sumpfschildkröten pflegt. Von daher ist auch ein Händedesinfektionsmittel zu empfehlen.

Die Freigehege meiner Europäischen Landschildkröten sind räumlich getrennt von meinen Ägyptischen Landschildkröten. Hier muss hygienisch einwandfrei gearbeitet werden.

AUSSENHALTUNG

Sicher wäre es schön, den Tieren durch eine Außenhaltung echte Sonne und frische Luft darzubieten. Unsere Sommertemperaturen entsprechen durchaus den Wintertemperaturen im Habitat. Da läge der Gedanke nahe, die Jahreszeiten einfach umzudrehen und die Aktivzeit in die Sommermonate zu verlegen.

Es ist aber kaum möglich, die Tiere einfach umzupolen. Da die Aktivität der Tiere nicht nur durch Temperaturen, sondern auch in hohem Maße von der Tageslichtlänge beeinflusst wird, würde eine Umkehr der Aktivitätsphasen dem natürlichen Rhythmus zuwider laufen.

An warmen Frühlings- bzw. noch heißen Herbsttagen könnte man den Tieren durchaus ein paar „echte" Sonnenstrahlen gönnen. Da *Testudo kleinmanni* jedoch sehr ortstreu ist und sich nur sehr langsam an eine neue Umgebung gewöhnt, macht es wenig Sinn, für die wenigen Tage die Tiere in eine ihnen unbekannte Umgebung zu setzen.

Da mein Wintergarten über eine großflächige Seitenglasschiebetüre verfügt, öffne ich diese so oft es das Wetter zulässt. So kann direkte Sonne auf den Boden scheinen. Meine Tiere merken das sofort und ziehen dieses echte Sonnenlicht jeder künstlichen Lichtquelle vor.

Die Pflege in solch einem Frühbeetkasten hat sich bei der Haltung meiner Ägyptischen Landschildkröten nicht bewährt.

Auch so manche Sukkulente wird von den Tieren gefressen.

5 ERNÄHRUNG

Wie bereits erwähnt spielt die Körpertemperatur eine entscheidende Rolle beim Stoffwechsel der Tiere. Wärme ist die Grundvoraussetzung für eine funktionierende Verdauung. Nach meinen Beobachtungen begeben sich die Tiere erst bei einer Panzeroberflächentemperatur von etwa 30 °C auf Futtersuche. Können sich die Tiere nicht aufwärmen, so sind sie auch nicht in der Lage Nahrung aufzunehmen. Sinkt die Temperatur bald nach der Nahrungsaufnahme, so verlangsamt sich der Stoffwechsel und der gesamte Nahrungsbrei verweilt entsprechend lange im Verdauungstrakt.

Zwar können die Tiere die aufgenommene Wärme eine Zeit lang speichern, jedoch nicht über mehreren Stunden hinweg. Aus diesem Grund ist für eine ausreichende Aufwärmmöglichkeit von 35 °C bis 40 °C, direkt unter der Lampe gemessen, zu sorgen. Die Tagesraumtemperatur muss hingegen je nach Jahreszeit weit darunter liegen.

Wie alle mediterranen Landschildkröten zählt auch die Ägyptische Landschildkröte zu den herbivoren Arten. Das heißt, dass sie sich überwiegend von pflanzlicher Kost ernährt.

Leider finden wir bei uns kaum die Pflanzen, von denen sich die Tiere in ihrem natürlichen Lebensraum ernähren, dafür stehen uns jedoch viele andere geeignete Futterpflanzen zur Verfügung.

Es gibt eine interessante Studie über die Ernährung von *Testudo werneri* in freier Wildbahn (Shelley 2012). Dabei wurden die Futterpflanzen in Ägypten genau analysiert. Es zeigte sich, dass die von den Tieren bevorzugten Pflanzen ein sehr hohes Calcium-Phosphor-Verhältnis, einen hohen Fasergehalt, einen niedrigen Proteingehalt und einen niedrigen Gehalt an Oxalsäure und Phytinsäure aufweisen.

Folgende annuelle Pflanzen (also Pflanzen, die nach einer Vegetationsperiode absterben) werden in Studien von Attum et al. (2007) für Ägypten und Geffen (1985) für Israel angeführt:

Artemisia monosperma: aus der Familie der Korbblütler; dazu gehören auch die uns bekannten Pflanzen wie Beifuß, Wermut, Stabwurz (Edelraute)

Tragant (*Astragalus*): aus der Gattung der Schmetterlingsblütler (Hülsenfrüchtler)

Atractylis: aus der Gänseblümchenfamilie

Carduus pycnocephalus: eine Distelart

Convolvulus lanatus: zählt zu den Windegewächsen; bei uns ist sie unter Bindekraut und Morgenruhm bekannt; die Pflanze gibt es in verschiedenen Farben (weiß, gelb, blau, violett, lila oder rosa)

Cutandia: eine Grasart

Echiochilon fruticosum: wird unter den Erdbeerpflanzen angeführt

Erodium ciconium: aus der Familie der Storchenschnabelgewächse
Neuradaceae: gehört zu einer kleinen Pflanzenfamilie in der Ordnung der Malvengewächse

Plantago albicans: Wegerich-Art

Senecio glaucus: zählt zu den in der Wüste leben Gänseblümchengewächsen

Stipagrostis scoparia: Grasart

Im Herbst wachsen noch viele ausgereifte und faserreiche Wildkräuter auf den heimischen Wiesen.

Um die Tiere gesund zu erhalten, sollte die Kost möglichst abwechslungsreich sein, viel Calcium enthalten und auch aus faserreichen Teilen bestehen. Auch für die Flüssigkeitsversorgung sind Pflanzen von nicht zu unterschätzendem Wert. Obwohl es sich bei *Testudo kleinmanni* um reine Pflanzenfresser handelt, nehmen sie bei ihren Weidegängen unweigerlich auch Spuren von tierischer Kost auf. Viele winzige, an den Pflanzen klebende Insekten werden mitgefressen. Da ich meinen Ägyptischen Landschildkröten die gesammelten Futterpflanzen ungewaschen anbiete, finden sich ohnehin einige solcher Kleinstlebewesen darauf.

Im Sommer finden wir auf unseren Wiesen viele gute Pflanzen, welche die Tiere zwar gerne fressen dürften, aber – bedingt durch die Ästivation – kaum dazu in der Lage sind, sich an den frischen Pflanzen zu laben. Trotzdem ist es sinnvoll, um diese Jahreszeit Wildkräuter zu sammeln. Viele Kräuter, wie z. B. Löwenzahn, Malven, Wegerich, sämtliche Disteln, Klee, Brennnesseln und viele andere für Europäische Schildkröten geeignete Wildkräuter, lassen sich gut trocknen. So hat man auch im Winter reichlich gesundes Zusatzfutter, welches man dem frischem Grünzeug beimischen kann.

Ich selbst trockne diese Pflanzen gerne in der Sommersonne, zerreibe sie anschließend mit der Hand und bewahre sie in Papiersäcken für die kalte Jahreszeit auf. Einige dieser Trockenpflanzen findet man auch im Zoofachhandel.

Im Winter gestaltet sich die Futtersuche oft schwierig, da sich die meisten Pflanzen in die Erde zurückgezogen haben. Vogelmiere wächst schon sehr früh im Jahr und ist sogar im Winter unter der Schneedecke zu finden. Viel Abwechslung wächst leider nicht auf unseren Winterwiesen. Manchmal bleibt nichts anderes übrig, als auf Kulturpflanzen zurück zu greifen.

Frische, aber auch getrocknete Blüten werden mit Vorliebe gefressen.

Hat man ein Gewächshaus oder Frühbeet, empfiehlt es sich, viele Salate und einige Wildkräuter anzubauen. In so manchem milden Winter decke auf diese Weise den Großteil an Nahrung meiner Tiere. In einem abgetrennten Teil meines Wintergarten-Terrariums säe ich einige Pflanzen an: 00-Raps, Wicken, Malven, Vogelmiere, Wegerich, Mariendistel und vieles mehr.

Sobald die Pflanzen sich halbwegs entwickelt haben, öffne ich den separierten Teil und die Tiere können sich an dem frischen Grünzeug satt fressen während bereits in einem anderen Teil des Geheges neue Futterpflanzen wachsen. Dafür muss ein Terrarium natürlich nicht nur entsprechend groß, sondern auch eine wirklich hohe Substratschicht mit viel Erdanteil aufweisen.

Ein zusätzlicher Vorteil dieser Fütterungsmethode ist, dass sich die Luftfeuchtigkeit, bedingt durch das notwendige Gießen dieses speziellen Teils, nicht nur erhöht, sondern auch konstant hält.

Wintersalate aus der Familie der Wegwartengewächse, wie beispielsweise Grumolo, Chicorée, Radicchio, Feldsalate und Catalogna stehen in guten Lebensmittelgeschäften zum Kauf zur Verfügung.

Um den Schildkröten in ihrer Aktivzeit, die von November bis Anfang Juni dauert, noch mehr Abwechslung auf den Speiseplan zu bringen, biete ich ihnen zusätzlich geriebene Karotten an, ab und zu ein Stück Gurke oder Zucchini, ein wenig Brokkoli und sämtliche selbst gezogene Sprossen. Besonders gerne mögen sie Radieschen- und Brokkolisprossen, vor allem dann, wenn diese schon kleine grüne Blätter bilden.

Im Herbst, wenn ich meine Weihnachtskakteen (Schlumbergera) wieder in den Wohn-

Im abgegrenzten Teil des Wintergartens wachsen sämtliche Wildpflanzen. Fast könnte man meinen, dass die Tiere in einem Außengehege weiden.

Blüten und frische Wildkräuter findet man im Herbst und im Frühling reichlich.

Kalzium steht den Tieren immer zur Verfügung.

raum bringe, bilden diese übermäßig viele Blüten, welche für meine *Testudo kleinmanni* einen ganz besonderen Leckerbissen darstellen. Bei der Verfütterung dieser Blüten muss man sich jedoch sicher sein, dass die Pflanze nicht mit chemischem Dünger bzw. Pflanzenschutzmittel behandelt wurde. Aus diesem Grund sollte man neu erworbene Zimmerpflanzen oder Teile davon nicht an die Tiere verfüttern.

Je heißer es wird, desto trockener wird das Futter. Bald werden die Tiere kaum noch etwas „Frisches" finden. Auch verdorrte Salate werden angeknabbert.

Die Opuntie, welche in meinem Terrarium prächtig gedeiht, bildet um diese Zeit Früchte, die von meinen Tieren bevorzugt gefressen werden. Gelegentlich bekommen sie auch ein Opuntien-Blatt, das ich vorher vorsichtig von den Dornen befreit und geschält habe.

Die im Sommer getrockneten Wildpflanzen streue ich als zusätzliche rohfaserreiche Kost über das Frischfutter. Auch frische, breitblättrige Süßgräser (z. B. Quecken) werden von meinen Tieren gerne gefressen. Die als Golliwoog® bekannte, speziell für Vögel und Reptilien kultivierte Pflanze steht den Tieren ebenso zur Verfügung.

All diese Pflanzen verteile ich an mehreren Plätzen, um dem natürlichen Weidetrieb nachzukommen. Allerdings muss man dabei aufpassen, dass die Unterlage, auf der man die Nahrung anbietet, sauber und frei von Sandkörnern ist.

Im Sommer stehen meinen Tieren diese Pflanzen nur getrocknet zur Verfügung.

Das für den Knochenaufbau wichtige Kalzium steht meinen Tieren in Form eines Sepiaschulps immer zur Verfügung. Diese wird, vor allem von den Jungtieren und den Eier bildenden Weibchen, gerne angeknabbert.

Um Kalzium in das Skelett auch einlagern zu können, benötigen die Tiere – wie bereits beschrieben – eine ausreichende

Dosis an ultravioletter Strahlung. Nur im Zusammenhang mit UV kann Kalzium überhaupt verarbeitet werden.

Vor einigen Jahren legte eines meiner Weibchen sehr dünnschalige Eier, die beim Bergen sofort zerbrachen. Seitdem verlasse ich mich nicht mehr auf die selbständige Kalziumaufnahme, sondern staube gelegentlich eine dünne Pulverschicht über die angebotenen Futterpflanzen.

Im Winter greife ich auf ausgesuchte Kulturpflanzen zurück.

Die Blüten vom Weihnachtskaktus (Schlumbergera) sind ein ganz besonderer Leckerbissen.

Sprossen bieten in den Wintermonaten eine gute und gesunde Zusatznahrung. Ich verwende Keimsprossen von Bockshornklee, Salatrauke (Rucola), Brokkoli und Rotklee.

Im Gewächshaus kann man auch in den Wintermonaten frische Salate und einige Wildpflanzen (für die eigene Ernährung und für die unserer Schildkröten) ernten..

Testudo kleinmanni an der morgendlichen Tränke.

WASSER

Mit ihrem Wasserhaushalt müssen Schildkröten aus so trockenen Gebieten besonders sorgsam umgehen. In Libyen gibt es nur 30 bis 50 Regentage, mit einem Niederschlag zwischen 250 mm und 400 mm. Der meiste Regen fällt zwischen November und Februar. In Israel ist es ähnlich und in Ägypten ist der Niederschlag sogar noch geringer (100 mm bis 200 mm).

Von Mai bis Oktober gibt es so gut wie gar keinen Regen. Trotzdem herrscht, wie bereits erwähnt, eine hohe Luftfeuchtigkeit. Während diese im Landesinneren sogar auf unter 30 % fällt, bleibt sie an der Küste nahezu konstant zwischen 60 % und 70 %.

Gerade in den frühen Morgenstunden, noch bevor die Sonne die Küste aufheizt, liegt ein feuchter Dunst über dem Boden. Das machen sich nicht nur die krautigen und wasserspeichernden Pflanzen zunutze, auch *Testudo kleinmanni* sind auf diese Feuchtigkeit angewiesen. Sie lecken die winzigen Tropfen von Steinen und Gräsern. Da auch der Panzer vom Morgentau und beim Abstreifen der feuchten Grasbüscheln nass wird, stellen sie ihre Hinterbeine hoch, so dass die Tropfen über ihren Panzer direkt in die Nase und ins Maul rinnen. Die Tautropfen der Morgenstunden und der geringe Saftanteil der Futterpflanzen müssen ihnen für den ganzen Tag reichen.

In menschlicher Obhut steht ihnen jederzeit ausreichend Wasser zur Verfügung. Obwohl die Tiere im Terrarium keineswegs auf den Morgentau angewiesen sind, ist das Trinkverhalten doch tief in ihnen verankert. In der Früh, nachdem sie sich aufgewärmt haben, ge-

Von Pflanzen bedeckte Wasserstellen kommen dem Schutzbedürfnis der Tiere entgegen. Auch die feuchten Gräser werden gerne abgeleckt.

In den Mulden der Tonplatte bilden sich Pfützen, die den Tieren noch etwas länger zur Verfügung stehen, nachdem der komplette Bereich z.B. durch einen Wasserschlauch befeuchtet wurde.

Am besten scheint Wasser jedoch direkt vom Boden, nach einem ausgiebigen Regenguss aus der Gießkanne, zu schmecken.

hen sie auf Futter- und Wassersuche. Dabei verhalten sie sich völlig anders, als die meisten mediterranen Landschildkröten. Beim Trinken tauchen meine Tiere nicht den Kopf unter Wasser, um in tiefen Zügen die Flüssigkeit aufzunehmen, sondern lecken lediglich die Wassertropfen vom Schalenrand. Aus diesem Grund habe ich auch keine herkömmlichen Wasserschalen in meinem Terrarium, sondern lediglich mehrere flache Tonplatten, mit eingedrückten Mulden. Diese Platten befeuchte ich täglich und da diese, genau wie die Höhlen, dicht gebrannt wurden, hält sich das Wasser etwas länger in den Mulden.

Die Tiere wissen das und warten am Morgen regelrecht auf das Befüllen ihrer Tränke. Gierig lecken sie das Wasser von der Platte und auch die nassen Steine und gelegentlich mitbefeuchtete Panzer ihrer Artgenossen werden abgeleckt. Ihrem Instinkt folgend stellen sie dazu ihre Hinterbeine hoch.

Die Harnblase ist ein wichtiger Wasserspeicher. Sobald sie frisches Wasser aufnehmen, scheiden sie die Urate (Harnsäure und deren Salze) aus, welche cremig weiß sind. An deren Konsistenz kann man ablesen, ob das Tier genügen Flüssigkeit aufnehmen konnte. Haben sie zu wenig Wasser aufgenommen, werden die Urate fester bis bröckelig.

Da *Testudo kleinmanni* keine besonders guten Trinker sind, halte ich es für notwendig, dieses Treiben genau zu beobachten, um rechtzeitig zu bemerken, wenn eines der Tiere kein oder zu wenig Wasser aufnimmt. In diesem Fall „zwinge" ich sie, durch ein lauwarmes Bad zur Wasseraufnahme. Nachdem sich meine Tiere in der ersten Zeit als richtig wasserscheu zeigten, musste ich sie regelrecht auf die befeuchteten Tonplatten „zwingen".

Durch Besprühen mittels Wasserzerstäuber werden sie zur selbständigen Wasseraufnahme angeregt.

Kurzer künstlicher Niederschlag.

Mit hoch gestellten Hinterbeinen lecken die Tiere Wasser von den Tonplatten und Gräsern.

Ein tröpfelnder Wasserschlauch, der direkt in eine flache Tonschale gelegt wurde, sorgt auch dann für frisches Wasser, wenn man einmal für einige Tage verreist ist.

Gesinterte Steinzeug-Höhlen schützen während der Ästivation vor Dehydrierung.

6 ÄSTIVATION (TROCKENRUHE)

In der heißen Jahreszeit verweilen die Tiere über längere Zeit in einem völligen Ruhezustand. Mit dem Kopf voran und eingezogenen Extremitäten stecken sie in ihren Höhlen. Durch die hohen Sommertemperaturen verdorren die letzten Futterpflanzen. Viele dieser Pflanzen ziehen sich während der heißen Zeit teilweise komplett in den Boden zurück. Der nordafrikanische Küstenstreifen verwandelt sich nun in eine wüstenartige Landschaft. Nur noch ausgedörrte Grasbüschel und verholzte, krautige Gewächse ragen aus dem sandigen Boden.

Die kleine Schildkrötenart greift nun auf eine eigene Überlebensstrategie zurück, indem sie sich zu einer Trockenruhe (Ästivation) zurückzieht. Jetzt gilt es, möglichst keine Energie zu verbrauchen und den Körper vor Überhitzung und Dehydrierung zu schützen.

Schattige Plätze sind in dieser trockenen und kargen Landschaft nun rar. Da es in diesen Monaten nicht regnet, müssen die Schildkröten auch mit ihrem Wasserhaushalt besonders gut umgehen. Nahrung werden sie in den nächsten Monaten nur sehr spärlich finden. Das Wenige, was sie finden, ist völlig ausgedörrt und vertrocknet.

Feuchtigkeit und Schatten finden sie nur noch an überhängenden Grasbüscheln und einigen anderen vertrockneten Pflanzen, an deren Wurzeln sie sich nun enge Unterschlüpfe graben, in der sie diese heiße Sommerzeit weitgehend reglos verbringen.

Auch verlassene Nagetierbauten werden gerne genutzt, um sich vor der sengenden Sonne und dem unerträglich heißen Sand zu schützen.

Diese lebensnotwendige Schutzmaßnahme scheint in den Tiere instinktiv verankert zu sein, so dass sie auch im weniger heißen Terrarium auf diese Ruhezeit nicht verzichten. Die inaktive Zeit gehört einfach dazu. Als Halter sollten wir nicht gegen die Natur unserer Pfleglinge agieren, sondern immer vertrauend auf die Instinkte unserer Tiere handeln.

Unsere Aufgabe als Halter sollte darin bestehen, den Tieren ein möglichst nordafrikanisches Klima mit entsprechender Strukturierung und ausreichend vielen schützenden Versteckplätzen anzubieten. Das bedeutet, dass wir den Tieren ein „unangenehm" heißes Terrarium bieten, gleichzeitig jedoch auf Stellen achten, die ihnen das Überleben sichern.

Mit anderen Worten könnte man beinahe sagen: Durch Licht und Wärme müssen wir in hohem Maße Energie verbrauchen, um den ganzen Sommer lang in ein „leeres" Terrarium zu schauen.

In meinem eigens für *Testudo kleinmanni* gebauten Wintergarten wird es bereits im Frühsommer durch die Südostlage so heiß, dass ohne weitere Technik und ohne das dringend notwendige Durchlüften schnell eine Lufttemperatur von 60 °C erreicht werden kann. So hohe Lufttemperaturen können den Tieren das Leben kosten, darum ist gute Ablüftung dringend notwendig. Während dieser Zeit nutzen die Tiere gerne die gesinterten Tonhöhlen, in denen trotz großer Hitze angenehme Temperaturen und eine höhere Luftfeuchtigkeit herrschen. Mit solchen Höhlen kann man im Terrarium sogar eine zweite Etage aufbauen. So können die Tiere während ihrer Aktivitätszeit auch den Platz auf der Höhle nutzen und genießen in der Zeit der Ästi-

Testudo kleinmanni während der Ästivation unter einem hochgehobenen Grasbüschel.

vation ein besonders angenehmes Klima. Pflanzt man dann noch einen üppigen Grasbüschel direkt an diese Höhle, so ist das Klima nahezu perfekt.

Im Juni, an den noch nicht so heißen Frühsommertagen, nimmt die Aktivität meiner Tiere bereits deutlich ab. Zwar kommen sie regelmäßig zur Futtersuche heraus und auch die Wasserstellen werden noch aufgesucht. Die allgemeine Aktivität ist jedoch merklich gemindert. Diese verschiebt sich nun immer weiter in die frühen Morgenstunden und auch abends, kurz bevor sich die Lampen wieder abschalten, bzw. in der Dämmerung, drehen sie gelegentlich noch einmal eine Runde durch ihr Territorium, um an den ausgetrockneten Futterpflanzen zu knabbern.

Spätestens im Juli ist keines meiner Tiere mehr aktiv zu beobachten, wobei die inaktiven Phasen von Tier zu Tier variieren. Fast immer ist es mein Männchen, welches als erstes die schattige Höhle nicht mehr verlässt. Dann verschwinden nach und nach die Weibchen und letztendlich auch die Jungtiere.

Trotzdem stelle ich ihnen zwei bis drei Mal in der Woche Futterpflanzen und auch Wasser zur Verfügung. Die Pflanzen vertrocknen in der Hitze sehr schnell und auch die Wasserstellen verdunsten, sobald die Sonne den Wintergarten aufheizt.

Mit den steigenden Frühlingstemperaturen werden die Tiere inaktiv, graben sich teilweise ein und verkriechen sich schließlich gänzlich in Höhlen oder überhängenden, ausgedorrten Pflanzen.der heißen Zeit etwas Wasser aufgenommen und gelegentlich sogar an den ausgedorrten Futterpflanzen geknabbert.

Mit dem Sonnenaufgang wird auch in der heißen Zeit etwas Wasser aufgenommen und gelegentlich sogar an den ausgedorrten Futterpflanzen geknabbert.

Von ausgetrockneten Grasbüscheln umhüllte Tonhöhlen bieten einen ganz besonderen Schutz vor der sommerlichen Hitze.

Obwohl ich zu dieser Jahreszeit kaum eines meiner Tiere aktiv untertags sehen kann, beobachte ich eine Bewegung im Terrarium. Ich merke, dass sie immer wieder ihre geschützten Plätze wechseln. Auch an den herumliegenden, ausgetrockneten Pflanzen merke ich, dass eine Aktivität stattgefunden hat. Einige meiner Tiere, so scheint es mir, schleppen das angebotene Kräuterheu, in ihre Höhlen. Da ich sie jedoch bei dieser Aktivität nie beobachten konnte, legte ich mich vor einigen Jahren früh morgens auf die Lauer. Tatsächlich erwachten meine an sich völlig inaktiven Ägyptischen Landschildkröten mit der aufgehenden Sonne (noch vor 5 Uhr) zum Leben. Zwar wurde nur wenig gefressen, dafür aber reichlich getrunken. Sobald das Morgenlicht den Wintergarten erhellte, zogen sich die Tiere wieder in ihre Höhlen zurück.

Seit dieser Beobachtung halte ich es für wichtig – vor allem in der Nacht – Wasser bereit zu stellen, damit sie früh morgens ihren Wasserbedarf decken können. Auch die Notwendigkeit einer hohen Luftfeuchtigkeit während dieser Zeit ist mir seitdem bewusst. Diese halte ich nachts auf 70 %. Am Tag sinkt sie – bedingt durch die Hitze und das offene Dachfenster – je nach Witterung auf bis zu 30 %. Die kurzen nächtlichen Unterbrechungen der Ruhe scheinen von der Außentemperatur wenig beeinflusst zu werden. Obwohl die Temperatur in meinem „Kleinmanni-Wintergarten" an trüben und regnerischen Tagen zum Teil stark sinkt, wird die eigentliche Ruhephase kaum unterbrochen.

Ende Oktober, wenn die Temperaturen wieder angenehmer werden, wird die Trockenruhe mit einem kräftigen Regenguss beendet. Mittels Gießkanne kann man so einen Guss sehr gut nachahmen. Selbstverständlich sollte man dazu kein kaltes, aber auch kein zu warmes Wasser verwenden. Ich selbst benutze dazu eine Gießkanne, mit temperiertem Wasser. Damit gieße ich den gesamten Boden. Man spürt richtig, wie nach einem solchen Regenguss alles aufatmet und bald danach zu neuem Leben erwacht. Nur wenig Zeit vergeht, bis meine *Testudo kleinmanni* zu neuer Aktivität durchstarten. Ab nun werden der Boden und die Pflanzen wieder regelmäßig gegossen. Wenige Tage danach beginnt neues Gras zu sprießen. Zu dieser Zeit säe ich sämtliche Sämlinge aus. Diese frischen Keimlinge stehen meinen Tieren nun als kraftvolle Nahrung zur Verfügung.

Jedes Jahr, wenn der heiße Sommer langsam dem Herbst das Feld räumt, ist es eine besondere Freude mitzuerleben, wie die Tiere voller neuer Lebensenergie ihr Schildkrötenjahr beginnen.

Vor einiger Zeit verlor ich eines meiner adulten Weibchen kurz nach der Ästivation. Das Tier wurde nicht richtig aktiv, verweigerte die Nahrungsaufnahme und nahm rapide an Gewicht ab. Bei einer fachtierärztlichen Untersuchung konnte man keinen ersichtlichen Grund dafür finden. Die Blutuntersuchung zeigte eine starke Anämie und da sie jede Nahrungsaufnahme verweigerte, wurde sie schließlich zwangsernährt. Leider verstarb das Tier nach kurzer Zeit. Bei der Obduktion zeigte sich, dass die Schildkröte an einer massiven Verstopfung litt. Große Mengen vertrockneter Kotballen befanden sich im Darm, die bereits so hart waren, dass sie nicht mehr ausgeschieden werden konnten. Diese traurige Erfahrung veranlasst mich dazu, die Tiere, auch während der Trockenruhe, in regelmäßigen Abständen von vier Wochen, in ein handwarmes Wasser zu setzen.

Eine Winterruhe hält diese Schildkrötenart keine. Dennoch ziehen sich meine Tiere in der Winterzeit gelegentlich in eine eher kühlere Ecke des Wintergartens zurück, um dort ein bis zwei Wochen relativ inaktiv zu verweilen. Nach dieser Zeit wärmen sie sich gerne wieder unter einer Lampe auf, um richtig aktiv und voller Lebenskraft ihrem Tagesablauf nachzugehen.

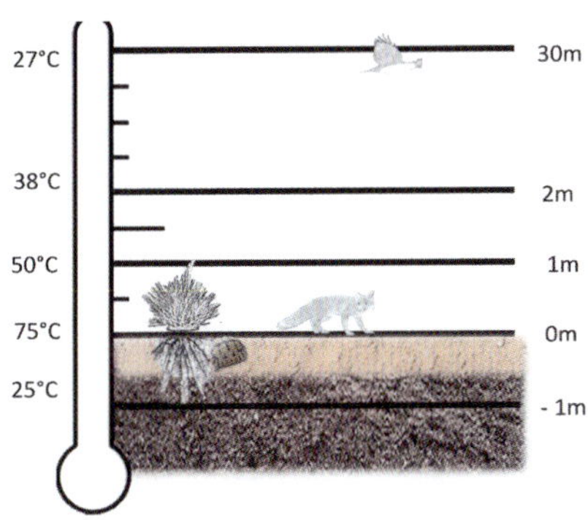

Während der Mittagshitze sinkt die Luftfeuchte auf 5 %, während die Erdfeuchtigkeit auf 70 % steigt.

Um eine Infizierung durch die eigenen Fäkalien möglichst gering zu halten, wird jedes Tier in einem eigenen Behälter gebadet. Über die Ausscheidungen hat man zudem einen guten Überblick über den Gesundheitszustand.

Nur wenn das Weibchen dazu bereit ist, kommt es zu einer erfolgreichen Paarung.

7 NACHZUCHT

Zwischen Januar und Februar sind die Weibchen paarungsbereit. In dieser Zeit wirbt das Männchen teils intensiv um die Weibchen. Dabei rammt er das Weibchen und versucht in deren vordere Extremitäten zu beißen. Auf diese Weise zwingt er das Weibchen zum Stehenbleiben.

Zeigt sich das Weibchen willig, so besteigt er dieses von hinten. Zu einer erfolgreichen Paarung kommt es jedoch nur dann, wenn das Weibchen dazu auch bereit ist. Nur wenn sie stehen bleibt und die Hinterbeine so stellt, dass sich der Panzer im hinteren Teil leicht anhebt, ist das Männchen in der Lage, seinen in der Kloake befindlichen Penis in die Kloake des Weibchens einzuführen. Ist das Weibchen nicht paarungsbereit, kann das Männchen in sie nicht eindringen und es findet auch keine erfolgreiche Besamung statt.

Bei einer erfolgreichen Paarung bleibt das Weibchen stehen und wirft während des Aktes den Kopf von einer Seite auf die andere. Das Männchen stößt mit weit aufgerissenem Maul zirpende Geräusche aus. Diese entstehen, wenn die Atemluft heftig und stoßweise über die Luftröhrenöffnung streift. Eine einzige erfolgreiche Paarung reicht aus, um die

Testudo kleinmanni - Männchen mit ausgefahrenem Penis.

Eier des Weibchens für mehrere Jahre zu befruchten, da es in der Lage ist, die Spermien über Jahre hinaus im Legedarm zu speichern.

Genau genommen ist jede weitere Paarung unnötig und kann sogar zu viel sein. Zu intensive Paarungsversuche können zu Verletzungen an der weiblichen Kloake führen und sollten möglichst vermieden werden. Ein zu triebhaftes Männchen sollte von den Weibchen, zumindest zeitweise, getrennt werden.

Die Geschlechtsreife beginnt bei meinen Weibchen ab einem Körpergewicht zwischen 280 g und 300 g. Dieses Gewicht erreichen sie üblicherweise zwischen dem 6. und 8. Lebensjahr. Die wesentlich kleineren Männchen sind bereits ab 150 g paarungsbereit.

Auch wenn *Testudo kleinmanni* keineswegs in Rudeln oder größeren Verbänden leben, so sollten sie ihr Leben nicht als Einzeltier fristen.

Provisorisches Innengehege während der Übersiedlung in unser neues Haus. Die Tiere zeigten ein hyperaktives, fast aggressives Verhalten.

GRUPPENZUSAMMENSETZUNG UND GESCHLECHTERTRENNUNG

Ich selbst halte eine größere Gruppe von derzeit einem Männchen und sieben Weibchen auf einer Fläche von 9 m^2. Da gibt es naturgemäß keine Kommentkämpfe, stehen meinen einzelnen Männchen doch viele Weibchen ohne Konkurrenz zur Verfügung. So muss es sein Revier niemals verteidigen oder einem anderen Männchen seine Stärke beweisen. Den Namen „Pascha" trägt es zu Recht. Trotzdem habe ich den Lebensplatz meiner *Testudo kleinmanni* so gebaut, dass dieser jederzeit in mehrere Teile getrennt werden kann.

Wie bei allen mediterranen Landschildkrötenarten lebt eine Gruppe von mehreren Weibchen problemlos zusammen.

Eine gemeinsame Haltung von zwei oder mehr Männchen kann durchaus gut funktionieren, allerdings nur dann, wenn die Tiere bereits seit jungen Jahren aneinander gewöhnt sind und keine weiblichen Tiere in der Nähe wittern.

Mit der Geschlechtsreife kann es trotzdem zu teilweise heftigen Revierkämpfen kommen, die eine dauerhafte Trennung notwendig machen. Bei einer geschlechtlich gemischten Gruppe sollten immer mehr Weibchen auf ein Männchen kommen.

Auf einer kleineren Fläche ist es nicht ratsam zwei Männchen gemeinsam mit weiblichen Tieren zu pflegen. Heftige, meist blutig ausgehende Kommentkämpfe sind bei dieser Konstellation vorprogrammiert. Abgesehen davon werden die Weibchen zu intensiv bestiegen, was zu schlimmen Paarungsverletzungen führen kann.

Bei einer ungünstigen Gruppenzusammenstellung wird bisweilen das Immunsystem einzelner Tiere durch hohe Stressbelastung derart herabgesetzt, dass diese erkranken und letztendlich sogar eingehen können. Es ist immer notwendig, die Tiere genau zu beobachten, auf ihre Aktivität zu achten, sie bei der Nahrungs- und Wasseraufnahme zu sehen, um notfalls rasch einzugreifen, wenn sich ihr normales Verhalten über einige Zeit ändert.

Als ich 2012 in unser neues Haus umgezogen bin, kam es zu einem merkwürdigen Verhalten meiner Gruppe. Das alte, beheizbare Gewächshaus war bereits abgerissen, das neue jedoch noch nicht gebaut. In dieser Zeit musste ich meine Gruppe im Wohnhaus in einer provisorischen Unterkunft unterbringen. Ich zimmerte aus einem alten Bettrahmen und einer Folie ein fast 2 m^2 großes „Zimmergehege". Darüber wurden die Metalldampflampen montiert. Als Bodensubstrat verwendete ich das Sand- Erd- Lehmgemisch, welches ich auch schon im abgerissenen „Kleinmanni-Haus" verwendet hatte. Sowohl sämtliche Pflanzen, als auch die Höhlen waren den Tieren vertraut, nur das Klima war im ehemaligen Kinderzimmer keineswegs so, wie sie es gewohnt waren. Die Nächte waren bei weitem nicht so kalt und die Grundbeleuchtung war sicherlich auch nicht mit dem, was sie bisher kannten, vergleichbar.

Das Verhalten der Tiere war wie ausgewechselt. Es kam zu ununterbrochenen Paarungen und auch die Weibchen zeigten untereinander ein fast aggressives Verhalten. Eine Trennung war unbedingt notwendig.

Ich schob dieses unnatürliche, hyperaktive Verhalten auf den Ortswechsel zurück, fürchtete sogar die Tiere durch den Umzug und die damit verbundene neue Umgebung so sehr zu stressen, dass es zu einem Verlust kommen könnte.

Nach etwa drei Monaten, in denen sich die Tiere nach wie vor nicht beruhigt hatten und immer noch übermäßig viel herum liefen, übersiedelten sie schließlich in den neuen Wintergarten. Ich fürchtete, dass der erneute Stress den Tieren noch mehr schaden könnte, doch so war dem zum Glück nicht. Obwohl dieser Anbau mit völlig neuen Pflanzen, Höhlen und Steinen dekoriert war, nahmen sie den neuen Platz sofort an und das unnatürliche Verhalten änderte sich schlagartig wieder. Schon wenige Tage nach dem Umzug herrschte wieder die frühere Harmonie.

EIABLAGE, INKUBATION UND SCHLUPF

Im April, selten schon im März, beginnt bei meinen Tieren die Eiablage. Bereits einige Tage davor nimmt das Weibchen vermehrt Kalzium auf und wird von einer besonderen Unruhe getrieben. Auf der Suche nach einem geeigneten Ablageplatz rennt es viele Runden. Gelegentlich unterbricht es seinen Lauf, um mögliche Stellen auf Eignung zu prüfen. Der erwogene Ablageplatz wird genau begutachtet und auch ausgiebig berochen. Hält das Tier den Platz für geeignet, beginnt es meist an einem Vormittag die Nisthöhle auszuheben. Meine Tiere wählen für die Eiablage fast immer denselben Platz direkt in einer tiefen Steinhöhle. Dort ist das Substrat besonders weich, sandig und durch die nahestehenden Pflanzen etwas feuchter. Ein UV-Flächenstrahler, der direkt vor der Höhle montiert ist, sorgt für gutes Licht und die notwendige Wärme. Noch nie hat eines meiner Weibchen einen Hügel für die Eiablage genutzt. Der Legeplatz muss aus einem weichen, gut grabfähigen Material bestehen. Fällt die Nistgrube ein, weil das Sand-Lehmgemisch zu trocken und dadurch keinen Halt bietet, verlässt das Weibchen den Platz. Die Umgebung muss von der Sonne bzw. einer Lampe gut erwärmt werden.

Notfalls helfe ich mit warmem Wassers nach, um den auserkorenen Ablageplatz besonders geeignet für den Bau einer Nistgrube zu machen. Ein leicht feuchtes Sand-Lehmgemisch fällt nicht so schnell ein und gibt den Tieren guten Halt, den sie brauchen, um sich mit den Vorderbeinen am Grubenrand fest zu halten.

Das Ausheben der Nistgrube nimmt mehrere Stunden in Anspruch. Oft beginnen die Tiere mit den kräftigeren Vorderbeinen zu graben, drehen sich dann in der Mulde, um mit den

In der großen Steinhöhle wird die Nistgrube angelegt. Einen Hügel haben meine Weibchen dafür noch nie verwendet. Viel eher gilt es, die Eier vor der Sonne zu schützen.

Hinterbeinen die Nistgrube zu vollenden. Erst wenn alles passt, werden die Eier, die sich im Legedarm befinden, durch die Kloake herausgepresst und mit den Hinterbeinen gefühlsvoll an den richtigen Platz geschoben. Durch den beweglichen Plastron-Hinterlappen kann der enge Platz zwischen starrem Carapax und Plastron so gedehnt werden, dass ein Ei gerade durch die Öffnung passt. Wenn alle Eier so liegen, wie es das Weibchen möchte, verschließt es die Grube. Erschöpft verlässt es nun den Platz und ruht sich im Schatten der Pflanzen aus. Für das Weibchen ist nun alles erledigt. Vertrauend auf die richtige Temperatur in der Höhle, hat es für ihren Arterhalt gesorgt. Für die weitere Entwicklung ist nun die nordafrikanische Sonne zuständig. Sehr bald nach der Eiablage beginnt es wieder mit der Nahrungs- und Wasseraufnahme. Meine Weibchen legen meistens nur zwei bis drei, selten vier Eier in einem Gelege. Etwa drei bis vier Wochen nach dem ersten folgt ein weiteres Gelege. Die Befruchtungsrate liegt bei nahezu 100 %.

Nachdem das Weibchen die Grube mit den Hinterbeinen verscharrt und gut getarnt wieder verlassen hat, entnehme ich die Eier, um diese in den bereitgestellten Inkubator zu überführen. Zur Vorsicht öffne ich die Nistgrube mit den Händen, da ich bei Zuhilfenahme eines Löffels oder eines anderen harten Gegenstands weniger Gefühl hätte und so ein Ei leicht zu Bruch gehen könnte. Unmittelbar nach dem Legen ist eine Drehung der Eier noch unbedenklich. Liegen die Eier jedoch schon länger, so muss man bei der Bergung darauf achten, dass oben und unten nicht mehr vertauscht wird. Im Unterschied zu Vogeleiern besitzen Schildkröteneier keine Hagelschnüre und so sinkt der Dotter innerhalb weniger Tage nach unten, während die Keimscheibe nach oben treibt, wo sie sich zum Embryo entwickelt.

Verdreht man in dieser Zeit das Ei, so könnte der Embryo vom Dottersack erdrückt werden, bzw. könnten die Eihäute reißen, welche die Frucht mit der Dottermembran verbinden (vgl. Ewert 1985, Köhler 1997, Vinke & Vinke 2004).

Die ovalen Eier sind von einer harten, weißen Kalkschicht umgeben. Sie sind kaum größer als 1,5 cm bis 2 cm. Anfangs schimmert der große Dotter leicht orangefarben durch. Nach zwei bis drei Tagen bildet sich auf der Oberseite ein weißer Fleck (Befruchtungsfleck) der langsam größer wird. Nach einiger Zeit wird das gesamte Ei strahlend weiß. Unbefruchtete Eier verändern ihre Orangetönung nicht, bleiben unverändert und bilden auch keinen Befruchtungsfleck.

In einer Brutschale aus Ton bette ich die Eier, so wie sie in der Nistgrube gelegen sind, komplett in Sand ein. So kann ich zwar keine Entwicklungskontrollen durchführen, dafür liegen die Eier aber sehr naturnahe, vom Sand fest umschlossen, und die Jungtiere haben beim Schlupf einen guten Widerstand, was den Schlupfvorgang sehr vereinfacht.

Gute Erfahrung machte ich jedoch auch mit einer komplett offenen Brutmethode. Dazu wurden die Eier nur auf eine dünne Sandschicht in eine niedrig gebrannte Brutdose gelegt, die mit einem ebenso gebrannten Deckel geschlossen wurde. Durch den niedrigen Brennvorgang einer solchen Brutdose ist ein guter Luft- und Wärmeaustausch gewährleistet.

Die Luftfeuchtigkeit im Brutapparat halte ich durch ein beigestelltes Wassergefäß zwischen 70 % und 80 %. Das Substrat darf nicht zu feucht und die Eier keinesfalls nass werden. Ich selbst entnehme das Inkubationssubstrat am liebsten direkt von dem Platz, in dem die Nistgrube angelegt wurde.

Auf ein Reinigen der Eier verzichte ich, da ich davon ausgehe, dass sie auch in der Natur keineswegs gewaschen oder steril gemacht werden. Ebenso bleibt auch das Inkubationssubstrat ein lebendiges Material. Eine Sterilisierung halte ich für nicht notwendig.

Bei einer gleichbleibenden Inkubationstemperatur zwischen 31–32 °C sind bei mir bisher ausschließlich weibliche Tiere geschlüpft. Selbst bei einer Temperatur von 30 °C „outeten" sich meine Nachzuchten als weiblich.

Erst wenn die Grube tief genug ist, wird ein Ei nach dem anderen gelegt. Dazu hält sich das Weibchen mit den Vorderbeinen am Grubenrand fest und presst mit fest eingezogenem Kopf das Ei aus dem Legedarm durch die Kloake.

Die gut verschlossene Nistgrube wird sorgfältig getarnt.

Die geöffnete Nistgrube. Das Gelege von drei Eiern wurde etwa 10 cm tief, in der schattigen Steinhöhle vergraben

Bei frisch gelegten Eiern schimmert der orangefarbene Dotter noch durch. Mit einer Länge von fast 3 cm und über 10 g sind die Eier von einer ausgesprochen stattlichen Größe.

In einer Brutdose werden die Eier im Inkubator bebrütet.

Schon nach wenigen Tagen ist bei befruchteten Eiern ein deutlicher, weißer Fleck zu sehen. Dieser weitet sich rasch aus, umgibt bald das Ei wie eine Binde. Schließlich erscheinen die Eier schneeweiß..

Wie bei den meisten Schildkrötenarten kann man davon ausgehen, dass die Geschlechtsprägung nicht durch Geschlechtschromosomen wie beim Säugetier, sondern temperaturabhängig gegen Ende des ersten Brutdrittels stattfindet.

Die Inkubation dauert je nach Temperatur unterschiedlich lange. Im Durchschnitt schlüpfen die Jungtiere bei einer Zeitigungstemperatur von 31,5 °C nach 90 Tagen.

Ich wurde von meinen Tieren diesbezüglich schon oft überrascht. So schlüpfte eine meiner Nachzuchten, aus einem Gelege von zwei Eiern, nach bereits 60 Tagen, während das zweite Ei erst einen Monat später zum Schlupf kam. Möglicherweise stammte das eine Ei aus einem vorherigen Gelege in der Höhle und hatte sich im Terrarium normal weiterentwickelt. Ich beobachtete jedoch auch schon unter oben genannten Bedingungen einen Schlupf nach erst 121 Inkubationstagen.

Auf ein Schieren, d.h. Durchleuchten, der Eier verzichte ich seit einiger Zeit, obwohl es den Embryonen vermutlich nicht schadet, wenn man ab und zu mittels gebündelter, heller Lichtquelle durch die Kalkschale leuchtet, um den Entwicklungsfortschritt zu beobachten. Sind die Eier befruchtet kann man auf diese Weise nach etwa zwei bis drei Wochen ein feines, rotes Adergeflecht durch die Eischale erkennen. Den heranwachsenden Embryo nimmt man als immer größer werdenden dunklen Fleck wahr. Bei einer starken Lichtquelle kann man sogar Bewegungen erkennen. Je weiter der Entwicklungsvorgang voranschreitet, desto lichtundurchlässiger wird das Ei. Schließlich kommt überhaupt kein Licht mehr durch.

Gegen Ende der Inkubationszeit kann ein so heller Lichtstrahl einen zu frühen Schlupf einleiten, den das Tierchen unter Umständen nicht oder als dauerhaft geschwächtes Tier überlebt.

Entwicklungen im Ei.

Im November 2015 fand ich an einer Stelle, an der ich noch nie eines meiner Weibchen bei der Eiablage beobachten konnte, zerbrochene Eischalen. Trotz intensiver Suche konnte ich kein Jungtier finden. Auch an den folgenden Tagen blieb meine Suche erfolglos. Erst einen Monat danach entdeckte ich die winzige Schildkröte erstmals beim Sonnen unter einer UV-Lampe. Offensichtlich lebte der Schlüpfling im ersten Monat extrem versteckt.

Wie bei allen paläarktischen Landschildkröten bricht das Jungtier mittels Eizahn von innen die Eischale auf. Langsam und mühsam arbeitet sich die kleine Schildkröte voran, bis sie die Eischale und danach die Nistgrube verlassen kann. Der Schlupfvorgang kann wenige Stunden, aber auch Tage, in Anspruch nehmen.

Normalerweise ist der Dottersack zu diesem Zeitpunkt komplett absorbiert. Nur ein kleiner, bereits geschlossener Spalt zeigt, wo dieser sich befunden hat. Bisher ist bei mir noch keine *Testudo kleinmanni* mit einem nicht komplett absorbierten Dottersack geschlüpft.

Durch eine tiefe Bauchfalte sind die Winzlinge unmittelbar nach dem Schlupf kugelrund wie ein kleine Ball. Sehr bald entfalten sich die Tiere jedoch und nichts erinnert mehr an die kugelige Form. Der noch nicht ausgehärtete Panzer der Kleinen wirkt sehr filigran und zeigt eine ganz eigene Zeichnung. Diese typische „Würmchenzeichnung" verliert sich mit der Zeit und auch der Panzer härtet bis zum 2 Lebensjahr vollständig aus. Davor ist er zwar keineswegs weich, sondern, wie unsere Fingernägel, elastisch. Unmittelbar nach dem Schlupf setze ich meine Jungtiere auf einen flachen Teller mit handwarmem Wasser, was sie sofort zum Trinken anregt.

Für gewöhnlich schlüpft eine *Testudo kleinmanni* zwischen 5 und 8 Gramm.

Noch junge Weibchen legen oft kleinere Eier, aus denen naturgemäß auch kleinere Tiere schlüpfen.

Da die Inkubationszeit durch die künstliche Bebrütung nicht dem natürlichen Zeitraum der Naturhabitate entspricht, schlüpfen die Tiere bei mir zu einer sehr ungünstigen Zeit, nämlich genau im Sommer, der Zeit der Ästivation. Zu dieser Jahreszeit sind alle meine adulten Tiere völlig inaktiv, stecken, wie beschrieben, unbeweglich in engen Höhlen bzw. in den Wurzelballen überstehender Grasbüschel. Eben geschlüpfte Jungtiere würden unter diesen Bedingungen schnell austrocknen und hätten nur wenige Überlebenschance.

Ein Sprung im Ei kündigt den baldigen Schlupf an.

AUFZUCHT

Im natürlichen Verbreitungsgebiet verlassen die Kleinen erst im Herbst mit den ersten Regenfällen ihre Nistgrube. So werden sie mit ausreichend Flüssigkeit, reichlich Nahrung und einem angenehm gemäßigten Klima versorgt.

Aus diesem Grund halte ich es für sinnvoll, Jungtiere, die zu dieser unnatürlichen Jahreszeit schlüpfen, in einem eigenen Terrarium zu pflegen, in dem die klimatischen Bedingungen eher dem nordafrikanischen Winter angepasst sind.

Ich setze deswegen meine Nachzuchten unmittelbar nach dem Schlupf in den Wintergarten in dem auch die adulten Tiere leben. Allerdings halte ich dort einen eigenen, abgegrenzten „Babybereich" bereit. Dieser befindet sich unter einem Olivenbäumchen, direkt an einer Schiebetüre, durch die ich gut für frische Luft sorgen kann. An warmen, sonnigen Tagen steht diese offen, sodass die Sonne direkt und ungefiltert, in diesen Bereich scheinen kann. Dort habe ich viele Gräser und Futterpflanzen ausgesät, welche inzwischen zu stattlichen Pflanzen herangewachsen sind. Natürlich müssen diese Pflanzen, im Gegensatz zu denen im restlichen Wintergarten, gut gegossen werden. Um die kleinen Schildkröten jedoch nicht auf nassem Boden laufen zu lassen, wird dieser Platz mittels mehrerer Tonröhren von unten gegossen. So finden die Winzlinge trotz heißem Wintergarten ein anderes Klima vor als die Adulten. Es scheint so, als würde sich in der heißen, wüstenarti-

Bald hat das Tierchen ein Fenster durchgebrochen. In dieser Stellung verweilt es, bis der Dottersack komplett absorbiert ist.

Durch eine Drehung im Ei bricht die Schale endgültig und das Tierchen ist geschlüpft.

Nach dem anstrengenden Schlupfvorgang braucht die kleine Schildkröte Wasser und Ruhe.

Unmittelbar nach dem Schlupf ist eine deutliche Bauchfalte erkennbar.

Gleich nach dem Schlupf werden die Tiere auf einen Teller mit Wasser gesetzt.

In den ersten Monaten zeigen die Jungtiere eine typische Zeichnung.

Gleich nach dem Schlupf kommen die Tiere in den kleinen Aufzuchtbereich im Wintergarten. Dieser Teil wird feuchter gehalten.

Schon die kleinen Schildkröten suchen Schutz.

Behutsame Vergesellschaftung durch einen kleinen „Türspalt".

Solche „Familienbilder" gibt es in der Natur kaum.

Größenvergleich: Zweijährige, einjährige und frisch geschlüpfte *Testudo kleinmanni.*

Aufzuchtbereich, die kleine Oase im Wintergarten

gen Steppenlandschaft eine kleine Oase befinden. Durch diese wesentlich feuchtere Oase wird die gesamte Luftfeuchtigkeit im „Kleinmanni-Haus" positiv beeinflusst.

Den Jungtieren steht so eine Vielzahl an Futterpflanzen zur Verfügung. Besonders gerne fressen sie Blüten, wie die der Nachtkerze, Kornblume, Rose und des Hornklees, und vieles, was im Sommer auf unseren Wiesen wächst.

Möglichst zeitig am Morgen besprühe ich die in diesem „Babyteil" wachsenden Pflanzen. So versuche ich morgendlichen Tau zu simulieren. Die Tropfen werden von den Tieren gierig aufgeleckt. Eine flache Trinkschale (eine Tonplatte, in der lediglich eine Mulde eingedrückt ist) steht den Kleinen immer zur Verfügung. Diese wird jedoch nie in diesem Ausmaß genutzt, wie die feuchten Blätter am zeitigen Morgen.

Um ganz sicher zu sein, dass alle meine Jungtiere genügend Wasser aufnehmen, setze ich sie regelmäßig, im Abstand von zwei bis drei Wochen, in eine flache Wasserschale. Das entspricht zwar nicht den natürlichen Bedingungen, meine Tiere scheinen es jedoch zu genießen, sie nehmen reichlich Wasser auf und setzen Kot und Urate ab.

Dadurch habe ich eine gute Kontrolle über den Gesundheitszustand. Aus hygienischen Gründen setze ich jedes Tier in ein eigenes Badegefäß.

Die Kleinen wachsen sehr rasch heran. Innerhalb des ersten Jahres haben sie ihr Schlupfgewicht oft bereits verdrei- oder sogar vervierfacht. Meist wiegen sie nach dem ersten Lebensjahr zwischen 20 und 30 Gramm. Danach wachsen sie deutlich langsamer. Meine Zweijährigen wiegen zwischen 40 und 50 Gramm. Mit drei Jahren bringen meine Tiere durchschnittlich ein Gewicht zwischen 60 bis 70 Gramm auf die Waage. Mit diesem Gewicht kann man meistens schon das Geschlecht erahnen.

Eine Kalziumquelle muss den Jungtieren immer zur Verfügung stehen. Meine Kleinen knabbern sehr gerne und ausgiebig an einer ganzen Sepiaschulpe. Problemlos schaben sie mit den Kauleisten ganze Stücke ab. Dabei werden gleichzeitig Ober- und Unterkiefer geschliffen und es kommt zu keinem Überschnabel.

Zwischen Januar und Februar vergesellschafte ich die Jungtiere mit den Adulten. Sie sind dann circa 8 Monate alt. Dazu öffne ich lediglich ein Element der Abgrenzung. Bald finden die Kleinen selbständig nach draußen. Nun steht die kleine Oase allen Tieren zur Verfügung. Erst Ende Mai wird diese wieder geschlossen und neu eingesät, um dem neuen Nachwuchs rechtzeitig als Sommerquartier zur Verfügung zu stehen.

Die Kleinen sind nun alt genug, um gemeinsam mit den Alttieren ihren ersten heißen und trockenen Sommer gesund zu überstehen.

„Softquarantäne" im abgegrenzten Teil des Wintergartens (rechts unten).

8 BESCHREIBUNG MEINES WINTERGARTEN-TERRARIUMS

Durch die Bauweise unseres Hauses bot es sich an, den gegen Süd-Ost gerichteten Erker zu einem Wintergarten auszubauen. Dieses Wintergarten-Terrarium hat eine Fläche von 9 m^2, auf der ich derzeit 8 adulte Tiere pflege.

Eine solche Größe bietet nicht nur die Möglichkeit verschiedene Bodensubstrate zu verwenden, sondern bietet auch Platz, um eine Vielzahl an Pflanzen, Steinen, Höhlen und Gehölz einzubringen.

Da unsere österreichische Sonne in keiner Weise mit der nordafrikanischen vergleichbar ist, sorgen 6 bis 8 Lampen in der finsteren Jahreszeit für Helligkeit, ultraviolette Strahlung und Wärme. Das zweifach verglaste Dach sowie die ebenso gut isolierten Seitenwände aus Glas, lassen Tageslicht durch und sorgen für ein natürliches, helles Grundlicht.

Um den Innenraum gut belüften, ist der Frontteil durch eine große Glasschiebetüre zu öffnen. So können die Tiere an einem sonnigen Tag auch die direkte Sonnenbestrahlung

Der 2 m hohe Erker wurde ohne Bodenplatte errichtet. So ist der gesamte Boden direkt mit dem Mutterboden verbunden.

Auf das Fundament wurde der zweifach verglaste Wintergarten gebaut.

nutzen. Im Dach befindet sich ein aufklappbares Dachfenster, welches an heißen Tagen für die notwendige Entlüftung sorgt und so den Innenraum dieses Glasanbaus vor Überhitzung schützt.

Der 2 m hohe Unterbau das Wintergartens ist mit Schotter gefüllt, was eine hervorragende Drainageschicht ergibt. Darauf liegt eine etwa 80cm hohe Schicht aus einfacher Gartenerde. So hat der Wintergarten einen direkten Kontakt zum lebenden Mutterboden. Erst darauf liegt das bereits beschriebene Gemisch aus Erde, Sand- und Lehmpulver.

Der 2 m hohe Erker wurde ohne Bodenplatte errichtet. So ist der gesamte Boden direkt mit dem Mutterboden verbunden.

Das Dachfenster sorgt dafür, dass es auch im Sommer nicht zu heiß wird.

Hinter den Keramikfliesen wurden Heizkabel verlegt

Blick vom Wohnzimmer in den Wintergarten.

Impressionen aus dem Wintergarten-Terrarium.

Gesunde und aktive Ägyptische Landschildkröte im Wintergarten-Terrarium.

9 GESUNDHEIT

Um den Gesundheitszustand seiner Tiere zu beurteilen, muss man sie gut kennen und mit deren Lebensweise vertraut sein. Der Panzer soll glatt und fest sein, der Plastron-Hinterlappen muss bei *Testudo kleinmanni* beweglich sein. Bei noch jungen Tieren darf der Panzer leicht elastisch, jedoch nicht weich sein. Die Augen sind klar und schwarz glänzend. Sie sollten nicht eingefallen und auch nicht geschwollen sein. Das Maul ist bei der Atmung geschlossen. Die Nasenlöcher sind frei und zeigen keinen Ausfluss. Eine gesunde Schildkröte hebt beim Laufen den Panzer hoch, schleift ihn nicht nach und knickt auch nicht ein.

Die Kloake ist sauber, nicht kotverschmiert. Der Kot selbst ist schwarz, fest geformt und eher trocken. Fast immer sieht man die Pflanzenfasern wie ein kleines Schwänzchen aus dem Kotballen ragen. Die Urate sind cremig, weich und weiß. Während der Aktivzeit sind die Tiere bei gutem Appetit, zeigen sich besonders lauffreudig und neugierig. Abends zieht sich eine gesunde Schildkröte in ihr Versteck zurück und bleibt nicht unbedeckt auf offener Fläche liegen. Die Schildkröten geben, mit Ausnahme bei der Paarung (Männchen), keine Geräusche von sich.

Ändert ein Tier plötzlich das Verhalten, kann eine Erkrankung dahinter stecken. Bei einem graviden („trächtigen") Weibchen könnte es sich auch um eine bevorstehende Eiablage handeln. Auf jeden Fall sollte man das Tier besonders aufmerksam beobachten.

Ändert sich das abnormale Verhalten nicht oder zeigen sich zusätzlich Symptome wie Nasenausfluss, Durchfall, Atemgeräusche, Atemnot oder anderes, so sollte man nicht zögern umgehend einen reptilienkundigen Tierarzt aufzusuchen. Nur dieser kann mittels moderner Technik eine exakte Diagnose stellen und die entsprechende Therapie veranlassen.

Sollten ein oder mehrere Tiere erkranken, muss man, trotz entsprechender Therapie, nach einer möglichen Ursache suchen. Sehr oft liegt diese bei der Haltung und kann nur durch entsprechende Haltungskorrektur zu einer dauerhaften Gesunderhaltung führen.

PAARUNGSVERLETZUNGEN

Paarungsverletzungen werden leider oft erst sehr spät erkannt. Haben sich ausgehend von der Wunde bereits Keime über den gesamten Organismus ausgebreitet, ist das Tier nur noch schwer zu retten. Ein fachkundiger Tierarzt sollte die Wunde rechtzeitig säubern, desinfizieren und falls notwendig Antibiotika verabreichen.

Hält man Männchen und Weibchen zusammen in einem Terrarium, sollte man die Tiere gelegentlich auch von der Unterseite betrachten, um eine Verletzung rechtzeitig zu erkennen.

FEUCHTKEIME (*PSEUDOMONAS AERUGINOSA*)

Diese Keime kommen, wie der Name sagt, in feuchten Milieus vor. Gerade Schildkröten, die aus ausgesprochen trockenen Gebieten stammen, reagieren auf diesen Keim besonders empfindlich. Darum muss an feuchten Stellen, wie z.B. Wasserstellen, Höhlen, aber auch überall dort, wo der Boden durch Bepflanzung oder Wasserdunst feuchter wird, auf besondere Hygiene geachtet werden.

Ein bereits geschwächtes Tier kann durch diesen allgegenwärtigen Keim an einer Pneumonie, einer Entzündung im Maul oder im Darm erkranken.

Stark geschwollene Augen einer erkrankten *Testudo kleinmanni*.

Paarungsverletzung an der weiblichen Kloake.

LUNGENENTZÜNDUNG

Eine Lungenentzündung kann sowohl durch Keime als auch durch ein staubiges Substrat hervorgerufen werden. Ebenso wird sie durch ständigen Zug (offene Türen) begünstigt.

MYKOPLASMEN

Hierbei handelt es sich um Bakterien, die häufig zu Nasenausfluss führen. Nicht immer zeigen die Tiere diese typischen Symptome. Mykoplasmen können zu chronischen Infektionen (meist Atemwegsinfekten) führen. Mykoplasmen werden direkt von Tier zu Tier, aber auch durch gemeinsam genutzte Trink- und Futtergefäße übertragen.

HERPES

Herpes ist bei Schildkröten eine meist tödlich endende Viruserkrankung. Typische Symptome ist eine Stomatitis (eitrige Belege im Maul, Entzündung der Mundschleimhaut) und/ oder neurologische Auffälligkeiten, wie z. B. sich im Kreis drehen. Die Übertragung erfolgt direkt durch Körperflüssigkeiten, aber auch über Futterschalen, Trinkgefäße oder gemeinsame Gegenstände.

Nicht immer zeigen infizierte Tiere Symptome, trotzdem können sie andere mit dem tödlichen Virus anstecken. Bei Stress, z. B. durch Haltungsänderung, kann der im Tier schlummernden Virus ausbrechen. Daher ist eine ordentliche Quarantäne bei einem neu angeschafften Tier unbedingt notwendig.

VERSTOPFUNG

Durch mitgefressenen Sand bzw. die Aufnahme kleiner Steinchen, aber auch durch falsche Ernährung oder hochgradige Verwurmung, kann es unter Umständen zu einer Verstopfung im Darmtrakt kommen. Oft merkt man, dass das Tier häufige Pressversuche unternimmt, wobei es sogar gegebenenfalls zu einem Darmvorfall kommt.

Ein ausgiebiges warmes Bad schafft Abhilfe. Kann das Tier jedoch weiterhin seinen Darm nicht entleeren, so muss man sich an einen Tierarzt wenden.

Auch eine zu trockene Haltung (vgl. Kapitel Ästivation) kann eine solche Verstopfung fördern.

PARASITEN- UND WURMPRÄVENTION

Vor allem die weitverbreiteten Oxyuren leben in so gut wie jedem Schildkrötendarm. Bei mangelnder Hygiene, dauerhaftem Stress, falscher Ernährung etc. können sich diese Parasiten innerhalb kurzer Zeit hochgradig vermehren. Dann ist es notwendig, mittels vom Tierarzt zu verordnender Medikation eine Entwurmung durchzuführen.

Eine hochgradige Verwurmung schwächt das gesamte Immunsystem so sehr, dass die Schildkröte ernsthaft erkrankt. Ich rate zu einer jährlichen Kotuntersuchung durch einen Tierarzt (z. B. im Dezember/Januar). Bei einer Kotuntersuchung wird die Ausscheidung nicht nur auf die üblichen Oxyuren, sondern auch auf viele andere, teilweise gefährliche Parasiten untersucht.

Bei einem Bestand von mehreren Tieren, kann der Kot über einige Tage gesammelt und gesamt dem Labor zur Untersuchung vorgelegt werden.

Eine vorbeugende Entwurmung halte ich nicht für sinnvoll, da sie doch eine Belastung für das Tier darstellt.

LEGENOT

Findet ein trächtiges Weibchen keinen geeigneten Legeplatz oder ist es ihr aus anatomischen Gründen nicht möglich die Eier abzulegen, kommt es oft zu einer Legenot. Nur ein Tierarzt kann eine solche durch Bilddiagnostik feststellen und Abhilfe schaffen.

QUARANTÄNE

Soll ein neues Tier in den Bestand integriert werden, so muss vorher eine ausreichend lange Quarantäne durchgeführt werden. Dazu soll der Neuzugang in einem Einzelbecken, das über all die notwendigen Einrichtungsgegenstände (Licht, UV, Verstecke etc.) verfügen muss, gehalten und gut beobachtet werden.

Zur Sicherheit sollte man den Neuzugang in dieser Zeit einem kundigen Tierarzt vorstellen. Dieser wird nicht nur den Kot untersuchen, sondern auch einen Test auf Herpes und Mykoplamen veranlassen.

Um sicher zu gehen, dass das Tier auch wirklich gesund ist, sollte eine solche strenge Quarantäne zumindest 6 Monate lange durchgeführt werden.

Erst danach setze ich den Neuling in eine „Softquarantäne". Ähnlich wie bei meinem Jungtiergehege, bekommt das neue Tier ein kleines Abteil im Terrarium. Nun können sich die Tiere bereits wittern. Nach etwa einem Monat öffne ich eine kleine Stelle in der Umrandung. Jetzt können sich die Tiere erstmals begegnen. Dem Neuzugang bleibt sein ihm bereits vertrauter Teil noch eine Zeit lang erhalten, bevor ich die Umrandung endgültig abbaue.

So begegnen sich die Tiere relativ stressarm und ich gehe möglichst geringes Risiko ein, eine Erkrankung in meinen Bestand einzuschleppen.

Ich möchte aber zu bedenken geben, dass jeder Neuzugang immer eine mögliche Gefahr für Krankheitsüberträge ist. Zudem besteht immer die Gefahr, dass sich das Verhalten in der Gruppe untereinander ändert oder es sogar zu Kommentkämpfen kommen kann. Ein Neuzugang sollte also im Vorfeld immer genauestens überlegt sein.

Eine ausreichende, jedoch nicht übertriebene Hygiene ist für die Gesunderhaltung der Tiere generell von großer Wichtigkeit.

Die Urate einer gesunden Schildkröte sind cremig und weiß.

Der Kot einer gesunden *Testudo kleinmanni* ist dunkel, trocken und hat die Form einer Kaulquappe.

10 ÜBERLEGUNGEN VOR DEM KAUF

Wie bei jedem Lebewesen, welches man zu Hause pflegen möchte, muss man sich im Klaren sein, wie lange einem dieses Tier durch das Leben begleitet. Nachdem Sie nun einiges über die Ägyptische Landschildkröte erfahren haben, sollten Sie vor dem Kauf bedenken: Schildkröten werden sehr alt und können uns möglicherweise bis an unser eigenes Lebensende begleiten.

Auch wenn die Ägyptische Landschildkröte nicht besonders groß ist, so beansprucht sie doch einiges an Platz. Für eine kleine Gruppe von zwei bis drei Tieren sollte man eine Fläche von annähernd $2m^2$ einplanen.

Durch die klimatischen Ansprüche ist eine Haltung ohne Technik nicht möglich und diese kostet sowohl in der Anschaffung, als auch bei der monatlichen Energieabrechnung einiges.

Wie bei jedem Tier, muss man sich auch darum sorgen, wer die Tiere füttert und pflegt, wenn man selbst einmal nicht zu Hause ist.

Hat man all das gut bedacht, dann steht der Anschaffung nichts entgegen und man kann sich auf die Suche nach einem Züchter dieser Art machen.

Als eher selten gehaltene Schildkröte dauert es manchmal ein wenig bis man einen vertrauenswürdigen Züchter findet. Noch bevor die Tiere einziehen, sollte man das Terrarium eingerichtet und lange genug in Betrieb genommen haben.

Bitte kaufen Sie keine Tiere, die aus freier Wildbahn entnommen wurden oder deren Herkunft nicht klar ist. Mit einem solchen Kauf machen Sie sich strafbar und riskieren eine hohe Geldstrafe. Wildfänge erleiden durch den plötzlichen Klimawechsel und die Strapazen einer solchen Schmuggelreise enormen Stress und haben dadurch nur eine geringe Überlebenschance. Auf diese Weise fanden schon viel zu viele Tiere ein jämmerliches Ende.

Prüfen sie daher nicht nur den Gesundheitszustand der Tiere sondern auch die Papiere auf ihre Echtheit.

Fragen Sie immer auch nach den Elterntieren und deren Herkunft, und sehen sie sich diese genau an. Lässt ein Züchter das nicht zu, sollten Sie skeptisch sein und keine Tiere von diesem übernehmen.

Um die Schildkröte auch richtig beurteilen zu können, sollte man sich das Tier möglichst zur richtigen Jahres- und Tageszeit ansehen. Nach Sonnenuntergang haben sich die Tiere für gewöhnlich schon in ihr Versteck zurückgezogen und werden, auch wenn man sie aus ihren Höhlen holt, kaum besondere Aktivität zeigen. Gerade *Testudo kleinmanni* reagieren auf eine Stresssituation sehr empfindlich. Die Tiere ziehen sich schnell in ihren Panzer zurück und verschließen sich mit ihren kräftigen Vorderbeinen. In dieser Stellung können sie ausgesprochen lange verweilen.

Für eine Beobachtung ist der Vormittag, eventuell auch der spätere Nachmittag, die beste Zeit.

Nehmen Sie sich für diese Begutachtung Zeit, da es kaum möglich ist, innerhalb weniger Minuten den Gesundheitszustand zu beurteilen.

Die Anschaffung von Schildkröten sollte (wie bei allen anderen Tieren auch) im Vorfeld sehr gut überlegt werden, damit es später keine „bösen Überraschungen" gibt oder es zu keinen Enttäuschungen kommt.

11 SCHILDKRÖTENHALTUNG IM JAHRESVERLAUF

In ihrem natürlichen Verbreitungsgebiet sind *Testudo kleinmanni* zum Teil sehr extremen Bedingungen ausgesetzt. In menschlicher Obhut schützen wir unsere Tiere vor u. a. negativen Einflüssen wie Prädatoren, Feuer oder fehlendem Nahrungsangebot.
Naturnahe Wetter- und Temperaturverläufe sollten wir so gut wie möglich in menschlicher Obhut nachstellen. Zwar können wir die zum Teil extremen Hitzetage sowie auch die richtig kalten Winternächte etwas mildern, die generellen Temperaturschwankungen sollten wir jedoch auch bei unserer Haltung berücksichtigen.
In der folgenden Monatsübersicht möchte ich darstellen, unter welchen Bedingungen ich meine *Testudo kleinmanni* in den jeweiligen Monaten in meinem Wintergarten-Terrarium halte. Selbstverständlich handelt es sich hier lediglich um Durchschnittswerte, die durchaus von Tag zu Tag variieren können.

ZEICHENERKLÄRUNG:

Nacht-/Tag-Temperatur

Badetage

Luftfeuchtigkeit

Sonnenauf- und Untergang

Regentage

SEPTEMBER

Während bei uns in Mitteleuropa die Nächte bereits deutlich kühler und auch die Tage keineswegs mehr heiß sind, herrscht an der nordafrikanischen Küste der Habitatsländer immer noch Trockenheit und Hitze vor. Die Pflanzen sind ausgedörrt und den Tieren steht kaum Nahrung zur Verfügung.

Die Tage werden bereits deutlich kürzer. Die Tiere selbst zeigen jedoch noch kaum Aktivität, diese sitzen unverändert in den Höhlen und nützen lediglich die frühen Morgenstunden um den Tau von verdorrten Blättern und Steinen zu lecken.

Im Terrarium ist der Temperaturunterschied zwischen Tag und Nacht nicht besonders hoch. Die Luftfeuchtigkeit schwankt nur wenig. Die Tageslichtlänge beschränkt sich von Sonnenaufgang bis zum Untergang auf etwa zwölfeinhalb Stunden.

Eine Sepiaschulpe und trockene Wiesenpflanzen liegen für die Tiere bereit, ab und zu knabbern sie in der Morgendämmerung daran.

Um den Wasserhaushalt im Gleichgewicht zu halten, werden die Tiere in diesem Monat einmal in handwarmem Wasser gebadet. Danach ziehen sie sich schnell wieder zurück, um weiterhin großteils inaktiv in ihren Höhlen liegen.

OKTOBER

Der erste Herbstregen fällt im Habitat der Tiere. Zwar ist es noch nicht allzu viel Wasser, aber dennoch zeigen sich erste Auswirkungen. Zartgrün sprießen nun so manche Gräser mitten im immer noch recht trockenen Boden. Die Temperaturen werden langsam erträglicher und das merken auch die Schildkröten. Zwar sind sie noch nicht richtig aktiv, beginnen jedoch langsam mit der Aufnahme frischer Blätter und Blüten.

Auf unseren mitteleuropäischen Wiesen stehen zu dieser Jahreszeit reichlich frische Wiesenpflanzen zur Verfügung, die ich meinen Tieren nun anbiete. Blüten sind wahre Leckerbissen und bringen auch viel Energie.

Während die Tiere immer aktiver werden, nimmt die Tageslichtlänge weiterhin ab. Gegen 7 Uhr morgens geht die Sonne auf und um 18 Uhr geht sie schon wieder unter.

Auch im Terrarium wird es nun feuchter. Ein ordentlicher Regenguss lockt die Tiere aus ihren Höhlen. Nach der langen Trockenzeit genießen meine Tiere lange ausgedehnte Bäder, die ich zwei Mal anbiete.

°C
21
28
60- 70%
6:30-19h

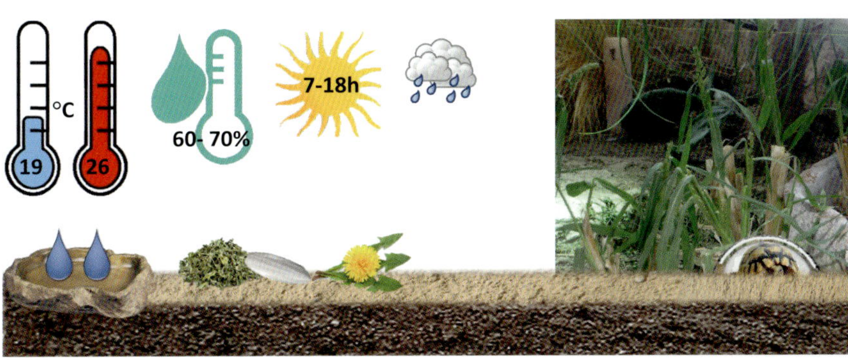
°C
19
26
60- 70%
7-18h

NOVEMBER

Jetzt kommt langsam Leben in die Landschaft der Habitate. Überall sprießen frische grüne Blätter und Gräser, die von den Tieren gleich abgeäst werden. Die Tiere strotzen voller neuer Energie und verbringen die meiste Zeit des Tages mit der Futtersuche.
Die Tage werden deutlich kürzer, noch 9,5 Stunden ist es hell, wobei sich die Sonnenstunden nur noch auf wenige Stunden begrenzen.
Die Nahrungsaufnahme spielt in diesem sowie auch in den kommenden Monaten eine große Rolle. Meine Tiere bekommen neben den wenigen Wildkräutern, die draußen noch zu finden sind, auch Karotten, Brokkoli (Blätter und Röschen), Sprossen und Golliwoog®.
Im Terrarium wird es nun etwas feuchter. An zwei Tagen lass ich es sogar richtig „regnen". Um eine gute Wasseraufnahme sicher zu stellen, werden sie auch zwei Mal in diesem Monat gebadet.

DEZEMBER

Nun ist die dunkelste Jahreszeit im Habitat. Die langen, dunklen Nächte erreichen ihren Höhepunkt. Das merkt man auch an den Temperaturen. In ihrem natürlichen Verbreitungsgebiet sinken die Nachttemperaturen im Durchschnitt auf 9 °C.
Im Terrarium hingegen lasse ich die Nachttemperatur nicht unter 13 °C fallen. Die Lufttemperatur wird also bei mir ein wenig wärmer als im Habitat der Tiere. Am Morgen wärmen sich die Tiere unter den Lampen lange auf, um ihre Aktivtemperatur zu erreichen. Die Lufttemperatur beträgt tagsüber etwa 20 °C. Auch in diesem Monat sorge ich für zwei Regentage. Noch zeigt mein Männchen kaum Interesse an den Weibchen, viel wichtiger scheint die Nahrungsaufnahme zu sein. Ein gutes und ausgewogenes Nahrungsangebot ist dementsprechend wichtig. Da sich nun kaum noch Wildpflanzen im Garten finden lassen, werden diese durch entsprechende Salatsorten ersetzt.

°C
15
23
60- 70%
7-16:30h

°C
13
20
60- 70%
7:30-16h

JANUAR

Nun regnet es im Habitat seltener. Im Terrarium lasse ich es in diesem Monat ein einziges Mal regnen. Dieser Regenguss ist jedoch nur von kurzer Dauer. Gebadet werden meine Tiere trotzdem zwei Mal. Besonders für Jungtiere sind diese Bäder sehr wichtig.
Die Nächte sind immer noch kühl, die Tagestemperatur liegt bei angenehmen 20 °C. Unter den Wärmelampen ist es jedoch wesentlich wärmer.
Nun scheint die Nahrungsaufnahme nicht mehr so vordergründig zu sein. Die Männchen haben ihren Paarungstrieb entdeckt und auch die Weibchen sind nun dazu bereit.

FEBRUAR

Nun ist die Paarungszeit bei den Tieren im Habitat in vollem Gange. Langsam werden auch die Tage wieder länger. Regen fällt nur sehr selten.
Um mögliche Paarungsverletzungen bei meinen Tieren rechtzeitig zu erkennen, wird die Kloake der Weibchen bei den zweimaligen Bädern sicherheitshalber genauer betrachtet.
Das Nahrungsangebot bleibt gleich wie im vorherigen Monat.

°C
13
20
60- 70%
7:30-16:30h

°C
13
20
60- 70%
7-17:30h

MÄRZ

Die Tage sind bereits deutlich länger, was auch Auswirkungen auf die Tages und Nachttemperaturen hat. Die Paarungsbereitschaft lässt wieder rapide nach und im Terrarium wird es wieder ruhiger.
Die Gräser sind zu hohen, sattgrünen Büscheln herangewachsen. Immer häufiger ziehen sich die Tiere in ihre Verstecke zurück.
Draußen kann man bereits die ersten grünen Wildkräuter sammeln, was für die Tiere eine willkommen Abwechslung bei der Ernährung darstellt.
In diesem Monat werden oft schon die ersten Eier abgelegt. Regen fällt nun gar keiner mehr.

APRIL

Die aufgeschossenen Grasbüschel beginnen langsam zu vertrocknen. Ein weiteres Gelege wird abgesetzt. Das Männchen zeigt an den Weibchen überhaupt kein Interesse mehr. Im Terrarium wird es immer trockener. Gleichzeitig werden die Nächte, als auch die Tage wärmer. Die Sonne scheint deutlich länger.
Immer öfter müssen sich die Tiere mit vertrockneten Pflanzen begnügen.

°C
15
22
60- 70%
6-18h

°C
17
23
60- 70%
6:30-18h

MAI

Jetzt ist es untertags im Habitat schon richtig warm. Bei etwa 26 °C ziehen sich die Tiere in die schattigen Höhlen oder zu den fast ausgetrockneten Grasbüscheln zurück.
Gefressen wird nur noch am Morgen, ganz selten auch am späteren Nachmittag. Die meiste Zeit leben die Tiere nun zurückgezogen.
Ein Bad gönne ich meinen Tieren trotz Trockenheit und Hitze.

JUNI

Jetzt ist es richtig heiß. Die Sonne geht bereits um 5 Uhr auf und es bleibt bis 21 Uhr hell. Unter diesen Bedingungen ist keines meiner Tiere unterwegs. Das Nahrungsangebot beschränkt sich nur noch auf wenige getrocknete Wiesenkräuter.
In diesem Monat bade ich meine Tiere nicht mehr. Sämtliche Pflanzen und Gräser sind völlig ausgedörrt und hängen nur noch als Stroh über den Höhlen, in denen die Tiere ihre Tage verbringen.
Ab und zu kann man ein Tier in den zeitigen Morgenstunden an der Wasserquelle beobachten.
In diesem Monat schlüpfen die ersten Nachzuchten, die unter künstlichen Bedingungen im Inkubator ausgebrütet wurden.

°C
18
26
60-70%
5-20h

°C
20
28
60-70%
5-21h

JULI

Die Hitze wird fast unerträglich im natürlichen Verbreitungsgebiet der Tiere. Die durchschnittliche Lufttemperatur beträgt etwa 30 °C und auch die Nächte kühlen kaum noch ab. *Testudo kleinmanni* befinden sich in einem Ruhezustand, der Ästivation.

Nahrung biete ich ihnen trotzdem regelmäßig an, auch wenn sie kaum davon etwas aufnehmen. In dieser heißen Jahreszeit ist es von großer Wichtigkeit den Wasserhaushalt trotz unwirtlichen Temperaturen aufrecht zu erhalten. Die hohe Luftfeuchtigkeit, vor allem in der Früh, ist ausgesprochen wichtig.

Um einer Dehydrierung entgegenzuwirken bade ich – trotz Ästivation – meine Tiere einmal in diesem Monat in handwarmem Wasser. Eine frühmorgendliche Wasserstelle steht ihnen zusätzlich täglich zur Verfügung.

Auch in diesem Monat schlüpfen die Jungtiere im Inkubator.

AUGUST

Dieser Monat unterscheidet sich kaum von dem vorherigen. Noch immer ist es sehr heiß und die Tiere dementsprechend inaktiv. Auch im August werden meine Tiere einmal gebadet. Nachzuchten schlüpfen im August kaum mehr.

°C
22
30
60-70%
6-20h

°C
22
30
60-70%
6-20h

12 GESETZLICHE BESTIMMUNGEN

Als besonders geschützte Art steht *Testudo kleinmanni* auf Liste 1 des Washingtoner Artenschutzübereinkommens (Übereinkommen über den internationalen Handel mit gefährdeten Arten frei lebender Tiere und Pflanzen; englische Bezeichnung: Convention on International Trade in Endangered Species of Wild Fauna and Flora = CITES). In der EU-Artenschutzverordnung wird sie im Anhang A aufgeführt. Auf die Entnahme aus der Natur stehen hohe Geldstrafen. Das gilt auch für Tiere, deren Herkunft nicht einwandfrei nachgewiesen werden kann.

Da die Ägyptische Landschildkröte, wie auch viele andere Reptilien und Schildkrötenarten, der EU-Artenschutzverordnung 1997 unterliegen, dürfen diese nur mit entsprechenden EG-Bescheinigungen gehandelt werden (Nachweispflicht).

Die Haltung bzw. eine Änderung (Neuerwerb oder Abgabe bzw. Tod der Tiere) muss bei der zuständigen Bezirksverwaltungsbehörde gemeldet werden (Meldepflicht).

Zudem ist eine Fotodokumentation vorgeschrieben. Dazu muss der Halter sein Tier in regelmäßigen Abständen ablichten. In Österreich muss das Foto vom Carapax sowie vom

Plastron deutlich und klar erkennbar, auf weißer Unterlage, mit Datum versehen und einem beigelegten Lineal oder Maßstab gemacht werden. Noch junge Tiere müssen im jährlichen Abstand fotografiert werden. Sobald die Schildkröte ausgewachsen (ab 5 Jahren) ist, sind Dokumentationsfotos nur alle fünf Jahre Pflicht. Die Fotos zählen als Bestandteil der EG-Papiere. Wichtig zu wissen: Ohne eine solche lückenlose Dokumentation verlieren diese Papiere ihre Gültigkeit! Da diese Regelung von Land zu Land – und in Deutschland sogar von Landkreis zu Landkreis – anders gehandhabt wird, machen Sie sich bitte bei der speziell für Ihr Wohngebiet zuständigen Behörde kundig.

Auch die gesetzlichen Mindestanforderungen für die Haltung variieren von Land zu Land.

In Österreich ist bei einer Carapaxlänge ab 12 cm ein Mindestmaß von 2 m² erforderlich. Für jedes weitere Tier müssen weitere 0,50 m² zur Verfügung gestellt werden.

Die Regelung des Artenschutzes in Deutschland ist mit Österreich vergleichbar. Auch hier müssen die Tiere umgehend mit den notwendigen Papieren (EG-Bescheinigung inkl. Foto-Dokumentation) bei der Behörde (z.B. Untere Naturschutzbehörde, Regierungspräsidium, Landratsamt) umgehend gemeldet werden.

Die Fotodokumentation muss ebenso fortgeführt werden. Hier muss sich der Halter an die von seiner Behörde vorgegebenen Anweisungen (bezüglich der Häufigkeit und weiterer Anforderungen an die Fotos) halten.

Bitte wenden Sie sich bei Fragen zum Artenschutz stets an Ihre zuständige Behörde.

NACHWORT UND DANKSAGUNG

Seit weit über 220 Millionen Jahren bevölkern Schildkröten unseren Planeten. Über die Jahrtausende haben sie sich den unterschiedlichsten Biotopen und ökologischen Nischen angepasst. Gerade *Testudo kleinmanni* konnte sich durch ihre geringe Größe und der außergewöhnlichen Färbung ihrem Verbreitungsgebiet derart anpassen, dass sie fast unsichtbar durch die nordafrikanische Küstensteppe kommt.

Die natürlichen Habitate dieser faszinierenden Schildkrötenart sind leider massiv zerstört und die Tiere aus ihrem natürlichen Verbreitungsgebiet fast vollständig verdrängt worden. Nur noch kleine, inselartige Bestände vermutet man in Libyen und Israel. In Ägypten gibt es bereits Bemühungen die Tiere wieder anzusiedeln. Das ist ein harter und steiniger Weg, vor allem dann, wenn sie als begehrtes Sammlerobjekt hohe Geldsummen im Handel erzielt.

Die wenigen in menschlicher Obhut gepflegten Exemplare sind wahre Schätze und verdienen eine bestmögliche Haltung. Diese Tiere unter optimalen Voraussetzungen nachzuziehen und an verantwortungsvolle Schildkrötenfreunde weiterzugeben, ist keineswegs schändlich. Ganz im Gegenteil sollte ein Züchter, der seine Tiere liebevoll aufzieht, mit jedem seiner Tiere, die er weitergibt, nicht nur die Liebe sondern auch das Wissen über diese Art weiterverbreiten.

Mit diesem Buch möchte ich Ihnen meine Recherchen, meine Erfahrungen und meine daraus resultierenden Schlussfolgerungen vermitteln. Diese beruhen jedoch nur aus den Jahren und den Erfahrungen, die ich bisher sammeln durfte. Weiterentwicklung bedeutet weitergehen und nicht stehen bleiben. Was auf Papier geschrieben ist, wird jedoch immer auf dem jetzigen Stand stehen bleiben. Über meine Internetseite www.kleinmanni.at und den daran schließenden BLOG möchte ich jedem Kleinmanni-Liebhaber die Möglichkeit geben, weiterhin auf dem aktuellen Stand zu bleiben.

Nun wird es aber Zeit, dieses Buch zu schließen. Das möchte ich nicht machen, bevor ich mich nicht ausdrücklich bei den Menschen bedankt habe, die mir bei der Umsetzung dieses Werkes geholfen haben. Ein großer Dank geht an Herbert Mayer, der dieses Buch als erster, gleich nach meinem Mann, lesen durfte und es mit viel Geduld und einigen Diskussionen auf den orthographischen und grammatikalisch richtigen Stand gebracht hat.

Bedanken möchte ich mich auch bei meiner Fachlektorin Dr. Hanna Vielgrader, die mit ihrem fachlichen Wissen, als fachkompetente Tierärztin des bekannten Zoo Schönbrunn, mir mit Wissen und Rat zur Seite stand.

Für die Ermutigung und die gelegentlich notwendigen sanften Tritte, um dieses Buch nun tatsächlich schließen zu können, bedanke ich mich bei meinem Freund und Verleger Thorsten Geier.

Meiner Freundin Andrea Heilig möchte ich ein dickes Dankeschön nach Deutschland schicken. Sie vertraute mir vor einigen Jahren ihren gesamten Bestand von *Testudo kleinmanni* an, als es ihr aus zeitlichen Gründen nicht mehr möglich war, die Tiere weiterhin zu pflegen.

Für die bereitgestellten Fotos bedanke ich mich ganz herzlich bei Monika Kachel.

Mein allergrößter Dank geht an meinen Ehemann Werner, ohne den ich diese Tiere gar nicht halten könnte. Mit seinem handwerklichen Geschick, bei dem er mich immer bei der Umsetzung meiner Ideen unterstützt hat, habe ich ihm im Laufe der Jahre ein hohes Maß an Geduld abgerungen.

VERWENDETE UND WEITERFÜHRENDE LITERATUR

Attum, O., M. . El-Din, S. Baha El-Din & S. Habinan (2007): Egyptian tortoise conservation: a community-based, field research program developed from a study on a captive population – Zoo Biology 26 (5): 397–406.

Attum, O. (1997): A note on the sex ratio of the Egyptian tortoise, *Testudo kleinmanni* – British Herpetological Society Bulletin 61, S. 14–15.

Attum, O., S. Baha El-Din, S. Carranza, R. Earley, E. N. Arnold & B. Kingsbury (2007): An evaluation of the taxonomic validity of Testudo werneri – Amphibia-Reptilia 28 (3): 397–401

Attum, O., M. M. Esawy, W. E. Farag, A. E. Gad, S. M. Baha El-Din & B. Kingsbury (2007): Returning them back to the wild: Movement patterns of repatriated Egyptian Tortoises, *Testudo kleinmanni*, Lortet 1883 (Sauropsida: Testudinidae) – Zoology in the Middle East 41: 35–40.

Attum, O., B. Rabea, S. Osman, S. Habinan, S. M. Baha El-Din & B. Kingsbury (2008): Conserving and studying tortoises: A local community visual-tracking or radio-tracking approach? – Journal of Arid Environments 72 (5): 671–676.

Attum, O., W. E. Farag, S. M. Baha El-Din & B. Kingsbury (2010): Retention rate of hard-released translocated Egyptian tortoises *Testudo kleinmanni* – Endangered Species Research 12: 11–15.

Attum, O., B. Rabea, K. Duffy & B. M. El Din (2011): Testing the reliability of ring counts for age determination in the Egyptian tortoise (*Testudo kleinmanni*) – Herpetological Journal 21 (3): 209–211.

Attum, O., A. Kramer & S. M. Baha El Din (2013): Thermal utility of desert vegetation for the Egyptian tortoise and its conservation implications – Journal of Arid Environments 96: 73–79.

Baha El Din, S. M. (1992): Notes on the herpetology of North Sinai – British Herpetological Society Bulletin (41): 9-11.

Baha El Din, S. M., O. Attum & M. Baha El Din (2003): Status of *Testudo kleinmanni* and T. werneri in Egypt – Chelonian Conservation & Biology 4 (3): 648–655.

Dworschak, C. (2010): Ein halbwüstenhaus für *Testudo kleinmanni* - Sacalia 8 (26): 6–11.

Dworschak, C. (2012): Die Ägyptische Landschildkröte, *Testudo kleinmanni*, Lortet, 1883. Die kleinen Schildkröten mit hohen Ansprüchen – Sacalia 10 (34): 12–35.

Ewert, M. A. (1895): Embryology of turtles. In: Gans, C., F. S. Billett & P. F. A Maderson (Herausgeber). – Biology of Reptilia, Vol. 14, Development A. New York: John Wiley and Sons, S. 75–267.

Fritzsche, D. & M. Fritzsche (2002): Erfahrungen bei der Haltung und Nachzucht von *Testudo kleinmanni*, Lortet, 1883, der Ägyptischen Landschildkröte – Radiata 11 (3): 31–39.

Gad, J. (2000): Die Haltung und Zucht der Ägyptischen Landschildkröte *Testudo kleinmanni* - Salamandra 36 (2): 113–120.

Gad, J. (2001): Vorschläge zur Ernährung der Ägyptischen Landschildkröte *Testudo kleinmanni*, Lortet, 1883, in menschlicher Obhut – Emys 8 (3): 18–34.

Gad, J. (2005): Ergänzende Bemerkungen zur Haltung und Zucht, sowie zum taxonomischen Status der Ägyptischen Landschildkröte *Testudo kleinmanni*, Lortet, 1883 – Emys 12 (4): 4–21.

Geffen, E. (1985): On the biology of the Egyptian tortoise (*Testudo kleinmanni*) in Holot Agur, Israel. Master's thesis, Dept. of Zoology, Tel Aviv University.

Geffen, E. & H. Mendelssohn (1986): The sand tortoise in Israel - present and future. – Teva v'Aretz (Nature & Land) 6: 26–27.

Geffen, E. (1987): Imprints of activity of the desert tortoise (*Testudo kleinmanni*) in the dunes of agur. – Hardun J. Israel Herpetological Information Center 4: 15–26.

Geffen, E. & H. Mendelssohn (1988): Home range use and seasonal movements of the Egyptian tortoise (*Testudo kleinmanni*) in the Northwestern Negev, Israel. – Herpetologica 44 (3): 354–359.

Geffen, E. & H. Mendelssohn (1989): Activity patterns and thermoregulatory behaviour of the Egyptian tortoise *Testudo kleinmanni* in Israel. – Journal of Herpetology 23: 404–409.

Geffen, E. (1990): The threatened Egyptian tortoise (*Testudo kleinmanni*): proposal for a reserve at Holot Agur (Western Negev, Israel). – Bulletin of the British Herpetological Society 32: 6–8.

Geffen, E. & H. Mendelssohn (1991): Preliminary study on the breeding pattern of the Egyptian tortoise, *Testudo kleinmanni*, in Israel. – Herpetological Journal 1 (12): 574–577.

Köhler, G. (1997): Inkubation von Reptilieneiern. Grundlagen, Anleitung und Erfahrungen. – Offenbach (Herpeton), 204 S.

Lortet, L. (1883): *Testudo kleinmanni*. – Etudes zoologiques sur la faune du Lac de Tiberiade. Poissons et Reptiles du lac de Tibériade de de Quelques Autres Parties de la Syrie. Archives du Muséum d'Histoire Naturelle Lyon 3: 99–194.

Perälä, J. (2000): The Egyptian Tortoise, *Testudo kleinmanni*, Lortet, 1883, on the edge of extinction. – Herpetomania 8 (4): 35–40.

Perälä, J. (2001): A new species of Testudo (Testudines: Testudinidae) from the Middle East, with implications for conservation. – Journal of Herpetology 35 (4): 567–582.

Perälä, J. (2005): Assessment of the threatened status of *Testudo kleinmanni*, Lortet, 1883 (Testudines: Testudinidae) for the IUCN red list. – Chelonian Conservation & Biology 4 (4): 891–899.

Philippen, H.-D. (2005): Ägyptische Landschildkröte *Testudo kleinmanni* (Lortet, 1883). – Marginata 2 (3): 31-34.

Schleich, H. H. (1984): Reptilien und Amphibien des Kouf National Parkes in NE-Libyen. – Landesverband für Amphibien- und Reptilienschutz Bayern e. V. Mitteilungen 4 (1): 9–10.

Schneider, C. & W. Schneider (2008): The Egyptian tortoise, *Testudo kleinmanni*, Lortet, 1883 in Libya. – Salamandra 44 (3): 141–152.

Schneider, W. & C. Schneider (2006): Beobachtungen an der Ägyptischen Landschildkröte, *Testudo kleinmanni*, Lortet, 1883, in Libyen. – Radiata 15 (1): 11–19.

Shelley, J. R. (2012): Report on the Analysis of the Wild Diet of Testudo werneri. – Online: http://www.nature-conservation.org.il/BuildaGate5/portals/conserve/imagesP/sub96/960799254.pdf, zitiert am 14.03.2018.

Vinke, T. & S. Vinke (2004): Vermehrung von Landschildkröten. Grundlagen, Anleitungen und Erfahrungen zur erfolgreichen Zucht. – Offenbach (Herpeton), 189 S.

Zwartepoorte, H. (2004): *Testudo kleinmanni*. – Manouria 7 (22): 25–26.

Zwartepoorte, H. (2007): Die Ägyptische Landschildkröte (*Testudo kleinmanni*): Sehr beliebt und kritisch bedroht. – Draco 32: 74–78.

Zwartepoorte, H. (2014): A Spark of Hope for the Egyptina Tortoise. – Turtle Survival 2014, Online: http://www.turtlesurvival.org/storage/documents/magazines/TSA-Magazine-2014.pdf: S. 70.

Zwartepoorte, Henk & Rob Verhoeks (2014): Studbook breeding programme *Testudo kleinmanni* (North-African spur thighed tortoise) Annual Report 2012-2013. Studbook overview, European Studbook Foundation: 8 pp.